玩数学

主编/杨红樱

1

年级

U0247875

吉林美术出版社 | 全国百佳图书出版单位

一起来玩转数学吧

数学就像空气一样，它时时刻刻围绕在我们的身边，我们几乎每时每刻都能感觉到它的存在。大到远在外太空的星系，小到一枚硬币，都蕴含着深刻的数学知识。

我一直觉得，数学会使人变得更加富有灵性。当你在五彩斑斓的知识海洋中遨游时，数学就像一个调皮的鼠标，总是在不经意间偷偷潜入你的大脑，然后悄悄轻点左键，一举激活你沉睡的数学细胞，随后，不计其数的想象因子开始争先恐后地崭露头角。它会使你的梦想在形态各异的算式中得到升华，引领你走入一个绮丽而充满遐想的未知世界。在这个世界里，你可以尽情张扬你的活力和创造力。

亲爱的"跳跳奇"们，拿出全部的热情，加入到玩转数学的行列中吧，让数学充盈你们的生活，在玩儿中体会知识带来的乐趣。这些成长中的快乐，将会值得你们珍藏一辈子。

杨红樱

数学宣言

大家好，我就是聪明帅气、大名鼎鼎的马小跳，自封为"数学头号王子"。如果你也想像我一样玩转数学，那就马上成为"马小跳玩数学"的好朋友吧。相信我，没错的。

——马小跳

数学是一门相当有用的科学，有了它的帮助，再加上咱这聪明的脑袋瓜儿，账是算得越来越明白了。

——唐 飞

这年代，有谁还敢说体育健将只要身体素质好就可以啦？告诉你们吧，我能在体育竞赛中无往不胜，数学可帮了我的大忙呢。

——张 达

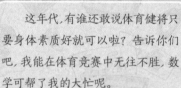

我，丁文涛，才是真正大名鼎鼎的"数学王子"。对于我来说，数学简直是小菜一碟、不值一提、轻而易举、举手之劳……所以，我正在密谋推翻马小跳的统治，开创一个新的纪元。嘘，在我的策划没成功之前，千万别告诉别人哦。

——丁文涛

有了丰富的数学知识，管理起班级来真是得心应手，连秦老师都夸我是她的得力小助手呢。

——路曼曼

"近朱者赤"这句话果然有道理，在我这个才女的熏陶下，连笑猫都对数学产生了浓厚兴趣。你看，它一见到数学题高兴得嘴都合不拢了。

——杜真子

21 世纪什么最重要？智商。智商怎么发掘？玩数学。不瞒您说，自从我从马小跳那里学了几手之后，唐飞几次想从我这儿"骗取"钱财都没得逞。

——毛 超

在数学迷宫里穿行，就像在努力完成一个个优美刺激的芭蕾舞动作，真是好玩儿极了。

——夏林果

虽然我不是很聪明，但数学能帮我锻炼思维，所以，我相信，我一定可以变得越来越聪明。

——安琪儿

目录

CONTENTS

目录

CONTENTS

买饮料

^{bǎo bèi er mā ma de tóng xué men jīn tiān lái jiā li jù huì zhè xià mǎ xiǎo tiào jiā kě}
宝贝儿妈妈的同学们今天来家里聚会，这下马小跳家可

^{rè nao le yī xià zi lái le hǎo duō rén mǎ xiǎo tiào shǔ le shǔ mén kǒu de dì shang zú}
热闹了，一下子来了好多人。马小跳数了数，门口的地上足

^{zú yǒu shuāng xié}
足有 12 双 鞋。

^{wǎn fàn qián bǎo bèi er mā ma qiāo qiāo de bǎ mǎ xiǎo}
晚饭前，宝贝儿妈妈悄悄地把马小

^{tiào jiào guò lái shuō péi mā ma qù tàngchāo shì jiā li méi}
跳叫过来说："陪妈妈去趟超市，家里没

^{yǒu yǐn liào le ná shén me zhāo dài kè rén ya mǎ xiǎo tiào}
有饮料了，拿什么招待客人呀。"马小跳

^{hěn lè yì qù mǎi yǐn liào yīn wèi tā xiǎng mǎi tàn suān yǐn liào}
很乐意去买饮料，因为他想买碳酸饮料，

^{tā zuì ài hē tàn suān yǐn liào le}
他最爱喝碳酸饮料了。

^{chāo shì de yǐn liào pǐn zhǒng hěn duō mǎi nǎ zhǒng}
超市的饮料品种很多，"买哪种

^{ne zài chāo shì li}
呢？"在超市里，

^{bǎo bèi er mā ma wèn mǎ}
宝贝儿妈妈问马

^{xiǎo tiào mǎ xiǎo tiào yī xīn}
小跳。马小跳一心

^{yī yì de zài zhǎo bǎi fàng}
一意地在找摆放

^{tàn suān yǐn liào de dì fang}
碳酸饮料的地方，

^{gēn běn méi yǒu tīng dào bǎo}
根本没有听到宝

bèi er mā ma wèn tā
贝儿妈妈问他。

bǎo bèi er mā ma xuǎn lái xuǎn qù   bǎ jiǎo bù
宝贝儿妈妈选来选去，把脚步

tíng zài le mài bīng hóng chá de dì fang   zán men mǎi
停在了卖冰红茶的地方。"咱们买

bīng hóng chá ba   bǎo bèi er mā ma shuō   kě shì
冰红茶吧。"宝贝儿妈妈说。"可是

wǒ xiǎng hē tàn suān yǐn liào   mǎ xiǎo tiào yǒu diǎn er
我想喝碳酸饮料。"马小跳有点儿

bù tài gāo xìng   bīng hóng chá mǎi   píng zèng   píng ne   xiàn zài mǎi duō hé shì a   bǎo
不太高兴。"冰红茶买3瓶赠1瓶呢，现在买多合适啊！"宝

bèi er mā ma shuō dào   zài shuō zǒng hē tàn suān yǐn liào bù hǎo   mā ma biān shuō biān wǎng gòu
贝儿妈妈说道，"再说，总喝碳酸饮料不好。"妈妈边说边往购

wù chē li zhuāng bīng hóng chá   mǎ xiǎo tiào zhǐ hǎo lái bāng máng
物车里装冰红茶，马小跳只好来帮忙。

duō le duō le   zán men ná   píng jiù gòu le   bǎo bèi er mā ma kàn mǎ xiǎo tiào hái
"多了多了，咱们拿9瓶就够了。"宝贝儿妈妈看马小跳还

zài wǎng gòu wù chē li fàng mángshuō   zán men jiā yǒu   gè rén ne   wǒ dōu shǔ le
在往购物车里放，忙说。"咱们家有12个人呢，我都数了。"

mǎ xiǎo tiào yǒu diǎn er zháo jí de shuō   nǐ wàng la   mǎi   píng hái zèng   píng ne   bǎo
马小跳有点儿着急地说。"你忘啦，买3瓶还赠1瓶呢！"宝

bèi er mā ma tí xǐng tā   duì ya   mǎi   píng jiù kě yǐ le   wǒ zěn me wàng le zhè yī
贝儿妈妈提醒他。"对呀，买9瓶就可以了，我怎么忘了这一

diǎn ne   mǎ xiǎo tiào yī pāi nǎo dai   shuō dào
点呢？"马小跳一拍脑袋，说道。

解题密码

9瓶可以看成是3个3瓶，每3瓶赠1瓶，那么马小跳一共就可以得到3瓶赠送的冰红茶，再加上买的9瓶，正好12瓶，所以12个人中的每个人都能分到1瓶。

看谁算得快（1）

dīng wén tāo zuì jìn cān jiā le yī gè sù suàn bān   suàn shù xué
丁文涛最近参加了一个速算班，算数学

tí de sù dù jiā kuài le bù shǎo tā yīn cǐ yǒu diǎn er jiāo ào   zhǐ
题的速度加快了不少，他因此有点儿骄傲，只

yào kàn dào shéi de shù xué tí suàn de màn   tā jiù zǒu dào
要看到谁的数学题算得慢，他就走到

rén jiā miàn qián   zhí jiē bǎ dá àn gěi shuō chū lái
人家面前，直接把答案给说出来。

jīn tiān xià kè   dīng wén tāo zhuàn dào ān qí ér de
今天下课，丁文涛转到安琪儿的

shēn hòu   kàn dào ān qí ér zhèng zài suàn yī dào
身后，看到安琪儿正在算一道98＋25

de tí   ān qí ér yī jiē chù dà shù zì jiù chóu méi kǔ
的题。安琪儿一接触大数字就愁眉苦

liǎn de   liǎng dào méi mao dōu nǐng dào le yī qǐ   dīng wén
脸的，两道眉毛都拧到了一起。丁文

tāo tū rán tuō kǒu ér chū   yī èr sān
涛突然脱口而出："一二三。"

ān qí ér xià le yī tiào   wèn
安琪儿吓了一跳，问

dīng wén tāo   yī èr sān   shì
丁文涛："'一二三'是

shén me   dīng wén tāo dé yì
什么？"丁文涛得意

yáng yáng de shuō   nǐ suàn de nà
扬扬地说："你算的那

dào tí   jié guǒ shì   ān
道题，结果是123。"安

qí ér bù gǎn xiāng xìn dīng wén tāo
琪儿不敢相信丁文涛

néng suàn de nà me kuài
能算得那么快，"真的吗？丁文涛，
nǐ zhēn lì hai
你真厉害。"安琪儿可是到现在还没
suàn chū lái ne
算出来呢。

ān qí ér wèn dīng wén tāo　　nǐ shì zěn me suàn
　　安琪儿问丁文涛："你是怎么算
de ya　　kuài gào su wǒ　　dīng wén tāo què bǎ tóu yī
的呀？快告诉我。"丁文涛却把头一
áng　diū xià yī jù tiān jī bù kě xiè lòu　jiù zhuǎn shēn dào qí tā tóng xué nà lǐ xuàn yào
昂，丢下一句"天机不可泄露"，就转身到其他同学那里炫耀
qù le
去了。

dīng wén tāo de suǒ zuò suǒ wéi dōu bèi xià lín guǒ kàn jiàn le　tā kě bù xǐ huan dīng wén
　　丁文涛的所作所为都被夏林果看见了，她可不喜欢丁文
tāo zhè zhǒng bù kě yī shì de yàng zi　jiù zhǔ dòng zǒu dào ān qí ér miàn qián duì tā shuō　tā
涛这种不可一世的样子，就主动走到安琪儿面前对她说："他
bù gào su nǐ　wǒ gào su nǐ　jiē xià lái　xià lín guǒ yòu gěi ān qí ér jiǎng le liàn xí tí
不告诉你，我告诉你。"接下来，夏林果又给安琪儿讲了练习题
zhōng de qí tā jǐ dào tí　dōu shì yī xiē jiā fǎ de sù suàn tí　shén me　　　　le
中的其他几道题，都是一些加法的速算题，什么98＋18了，
le　tīng wán xià lín guǒ de jiǎng jiě　ān qí ér de méi mao zhú jiàn shū zhǎn kāi
19＋87了。听完夏林果的讲解，安琪儿的眉毛逐渐舒展开
lái　bù zài chóu méi kǔ liǎn de le
来，不再愁眉苦脸的了。

 解题密码

　　98＋25,可以把25分解成2和23,这样,98＋25＝98＋2＋23＝123。
同理,98＋18＝98＋2＋16＝116,19＋87＝6＋13＋87＝106。

看谁算得快(2)

丁文涛会速算和巧算这件事终于在班上传开了，因为丁文涛天天帮同学们算题，不仅算得快，而且正确率也很高。

可是每次同学们问他是怎么快速算出结果的，他都一脸神秘的样子说："天机不可泄露！"

丁文涛的这种行为可彻底惹恼了路曼曼和夏林果，她俩决定一起来治治丁文涛。

这天下课，夏林果和路曼曼把丁文涛叫了过来，"丁文涛，这道数学题怎么巧算啊？"丁文涛看到夏林果问他题，别提多骄傲了。"44＋99呀，这还不简单嘛，143！"丁文涛马上就

算出来了。"那这个呢?"路曼曼接

着问。"98 + 97 + 96 + 9呀,300!"

丁文涛果然算得又快又准。路曼曼

和夏林果做出很崇拜他的样子问:

"你能不能告诉我们你是怎么算的

呀?"丁文涛一听,又开始卖关子了:

"天机不可泄露!"

见此情景,夏林果给路曼曼使了个眼色,于是夏林果装

出很为难的样子问:"那你知道这道题怎么算吗?"丁文涛一

看,题是这样的:1 + 3 + 5 + 7 + 9 + 10 = ? 这种题以前他

没算过啊,半天也没算出来。路曼曼抢先一步说:"得35!"

这回轮到丁文涛问了:"路曼曼,你是怎么快速算出来的?"

路曼曼和夏林果一起回答道:"天机不可泄露!"

 解题密码

44 + 99 = 43 + 1 + 99 = 43 + (1 + 99) = 143,98 + 97 + 96 + 9 = 98 + 97 + 96 + (2 + 3 + 4) = 98 + 2 + 97 + 3 + 96 + 4 = 300,1 + 3 + 5 + 7 + 9 + 10 = (1 + 9) + (3 + 7) + 5 + 10 = 35。

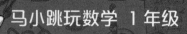

谁加的糖多

xià tiān dào le　　 tiān qì jiàn jiàn
夏天到了，天气渐渐

rè qǐ lái　 zhè tiān　　 qín lǎo shī ná
热起来。这天，秦老师拿

zhe yī dà guàn er bái táng zǒu jìn jiào
着一大罐儿白糖走进教

shì　　 rán hòu bǎ bái táng fàng zài le jiǎng
室，然后把白糖放在了讲

zhuō shang　 tóng xué men yī gè gè nǐ kàn kan wǒ　 wǒ kàn kan
桌上。同学们一个个你看看我，我看看

nǐ　 bù zhī dào qín lǎo shī ná zhe táng lái shàng kè shì shén me
你，不知道秦老师拿着糖来上课是什么

yì si
意思。

qín lǎo shī shuō　　　 jìn lái qì wēn
秦老师说："近来气温

shēng gāo　 pà tóng xué men zhòng shǔ　 suǒ yǐ
升高，怕同学们中暑，所以

zài bān jí li fàng yī guàn er táng　 měi gè
在班级里放一罐儿糖，每个

tóng xué měi tiān kě　 yǐ yòng yī sháo táng chōng
同学每天可以用一勺糖冲

　　　　　 yī bēi táng shuǐ hē　　　 yuán
一杯糖水喝。"原

lái shì zhè me huí shì er
来是这么回事儿，

tóng xué men dōu hěn gāo xìng
同学们都很高兴，

yīn wèi kě yǐ hē dào tián
因为可以喝到甜

tián de táng shuǐ le qín lǎo shī jǐ xù shuō dào zhè guàn er táng kě yǐ hē yī gè xīng qī
甜的糖水了。秦老师继续说道："这罐儿糖可以喝一个星期，

yǐ hòu měi gè xīng qī yī wǒ dōu huì ná lái yī guàn er
以后每个星期一我都会拿来一罐儿。"

kě shì méi dào xīng qī sì zhè guàn er táng jiù jiàn dǐ er le kěn dìng yǒu rén jiā
可是，没到星期四，这罐儿糖就见底儿了。"肯定有人加

de táng duō méi àn qín lǎo shī de yāo qiú zuò máochāo cāi cè
的糖多，没按秦老师的要求做。"毛超猜测

zhe děng dào xià zhōu yī qín lǎo shī yòu ná lái yī guàn er táng
着。等到下周一，秦老师又拿来一罐儿糖，

méi dào zhōu sì jìng yòu jiàn dǐ er le sì dà jīn gāng jué dìng
没到周四竟又见底儿了。"四大金刚"决定

chá yì chá dào dǐ shì shéi tōu tōu duō fàng le bái táng
查一查到底是谁偷偷多放了白糖。

sì dà jīn gāng yī shāng liang jiù yǒu bàn fǎ
"四大金刚"一商量，就有办法

le bù chū liǎng tiān jiù chá chū le tōu
了。不出两天，就查出了偷

tōu duō jiā táng de rén zhè ge rén yuán lái
偷多加糖的人。这个人原来

shì dīng wén tāo tā měi cì jiā de táng dōu
是丁文涛，他每次加的糖都

shì bié rén de bèi duō
是别人的1倍多！

解题密码

同学们，你们知道马小跳他们是怎么查出多加糖的人的吗？班级里每个同学的杯子都是一样的，是圆柱形的。放入水以后，再加上白糖，水面就会升高。马小跳他们偷偷量了一下，加一勺糖，杯子里的水面只升高5毫米，可丁文涛的杯子里的水面升高了1厘米多。所以他断定，丁文涛每次都多加了糖。

拔河比赛

máo chāo měi cì jìn jiào shì dōu huì dài lái xiǎo dào er xiāo xi zhè kě shì tā de qiáng
毛超每次进教室，都会带来小道儿消息。这可是他的强

xiàng jīn tiān máo chāo xià kè qù cè suǒ huí lái jiù zhāo hu mǎ xiǎo tiào mǎ xiǎo tiào mǎ
项。今天，毛超下课去厕所回来，就招呼马小跳："马小跳，马

xiǎo tiào xià wǔ yǒu bá hé bǐ sài nǐ zhī dào ma mǎ xiǎo tiào zuì ài
小跳，下午有拔河比赛，你知道吗？"马小跳最爱

cān jiā chú le xué xí yǐ wài de gè zhǒng huó dòng le tā lì kè duì zhāng dá
参加除了学习以外的各种活动了，他立刻对张达

shuō zhāng dá xià wǔ yǒu bá hé bǐ sài zán men yī kuài er cān
说："张达，下午有拔河比赛，咱们一块儿参

jiā mǎ xiǎo tiào wèi shén me jiào shàng zhāng
加。"马小跳为什么叫上张

dá hái bù shì yīn wèi zhāng dá liàn guò
达？还不是因为张达练过

tái quán dào yǒu jìn er ma
跆拳道，有劲儿嘛。

guǒ zhēn xià
果真，下

wǔ qín lǎo shī ràng
午秦老师让

tóng xué men dōu qù
同学们都去

cāo chǎng shang zhàn
操场上站

duì shuō shì yào jǔ
队，说是要举

xíng bá hé bǐ sài
行拔河比赛。

qín lǎo shī jiāng cān
秦老师将参

参加拔河比赛的同学分为两组，一组由张达带队，另一组由丁文涛带队。

毛超最先发现了问题：丁文涛的队比张达的队短一截，也就是说张达的队人多。这样即使赢了也不光彩呀，只有两队的人数一样多，比赛才公平嘛。毛超一数，张达的队有17人，丁文涛的队有13人。他立刻把张达队里的4个同学拉到了丁文涛的队里。"这回就一样多了。"他心想。可他仔细一看，怎么两个队的人数还是不一样多？这回，丁文涛的队里的人又多了。他挠了挠头，自言自语道："刚才马虎算错了。"于是，他又从丁文涛的队里拉了2个同学到张达的队里，这回两队的人数就一样多了。

 解题密码

张达的队比丁文涛的队多4人，那么只要将张达的队员给丁文涛的队2人，两队就一样多了。仔细想想，是不是这么回事儿？

马小跳玩数学 1年级

高斯的小故事（1）

小朋友们，你们认识高斯吗？你们可能对他还不熟悉，但是，学数学不能不认识这位伟大的德国数学家，他可是我们学习的榜样啊！

高斯小的时候，家里的生活条件非常艰苦。他的爸爸是一个勤劳的水管工人，妈妈是一个石匠的女儿，没有什么文化。因为家庭收入非常低，一家三口不得不省吃俭用，精打细算地过日子。高斯很懂事，从不管爸爸妈妈要零用钱。

那个时候，还没有电灯。有钱的人家用金属做成好看的烛台，在上面插上粗粗的蜡烛，就可以照明了。高斯的家里没有烛台，更点不起蜡烛，天一黑，高斯的妈妈就催他上床

睡觉。高斯躺在床上，想着白天学过的知识，翻来覆去的，怎么也睡不着。他多么渴望有一盏灯啊，那样晚上就可以看书了。

一天，高斯的妈妈从市场买菜回

来，篮子里面装着一些红萝卜。

"妈妈，给我一个萝卜吧！"小高斯摇着妈妈的手臂说。

"傻孩子，生萝卜那么辣，不好吃，你要它干什么？"妈妈问道。

"妈妈，我不是要吃，我要用它做一盏美丽的灯。"高斯一边给妈妈比画着，一边高兴地说。

妈妈递给小高斯一个萝卜，小高斯把它洗干净，然后用小刀一点儿一点儿地挖成空心的，之后倒了一点儿油进去，再放上一根灯芯，这样就做成了一盏很特别的"萝卜灯"。就是这盏小萝卜灯，陪着高斯度过了许多学习时光。

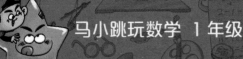

高斯的小故事（2）

gāo sī shàng xiǎo xué de shí hou　yǒu yī tiān　tā de lǎo shī zài shù xué kè shang chū le
高斯上小学的时候，有一天，他的老师在数学课上出了

yī dào tí　bǎ dào　　　de zhěng shù xiě xià lái　rán hòu bǎ tā men jiā qǐ lái　　nà
一道题：把1到100的整数写下来，然后把它们加起来。那

shí　xué shengmen dōu yòng bǐ bǎ dá àn xiě zài shí bǎn shang　dì yī gè dá chū lái de jiù bǎ
时，学生们都用笔把答案写在石板上，第一个答出来的就把

shí bǎn miàn cháo xià kòu zài lǎo shī de zhuō zi shang　　hòu dá shàng de jiù bǎ shí bǎn luò zài xiān
石板面朝下扣在老师的桌子上，后答上的就把石板摞在先

dá shàng de shí bǎn shàngmiàn
答上的石板上面。

lǎo shī chū wán zhè ge tí
老师出完这个题

mù　tóng xué men dōu mái tóu suàn
目，同学们都埋头算

qǐ lái　cóng　jiā dào
起来。从1加到100，

yào suàn hǎo jiǔ ne　kě shì méi
要算好久呢。可是没

guò yī huì er　gāo sī jiù bǎ
过一会儿，高斯就把

tā de xiǎo shí
他的小石

bǎn kòu zài le
板扣在了

lǎo shī de jiǎng
老师的讲

zhuō shang
桌上。

lǎo shī
老师

吃了一惊，心想："这孩子不会是胡乱写的吧？"于是老师就翻开高斯的小石板打算看个究竟。老师一看石板，见高斯写的答案是5050。这可是正确的答案。这下，老师更惊讶了，他问高斯是如何算出来的。

小高斯便解释他是如何算出答案的：

$$1 + 100 = 101, 2 + 99 = 101, 3 + 98 = 101 \cdots 49 + 52 = 101,$$

$$50 + 51 = 101,$$ 一共有50对儿和为101的数，所以答案是$50 \times 101 = 5050$。

高斯的算法简便极了，老师直夸他是个聪明的孩子。原来高斯找到了算术级数的对称性，然后就像求得一般算术级数和的过程一样，把数一对儿一对儿地凑在一起。

高斯在学习中善于观察，寻求规律，化难为简，正是这些优点使他长大以后成了一名伟大的数学家。

高斯的研究遍及纯粹数学和应用数学的各个领域，并且开辟了许多新的数学领域，从最抽象的代数数论到内蕴几何学，都留下了他的足迹。

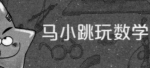

踢毽子

每天清晨上学的路上,安琪儿都会看到一些晨练的人在踢毽子。五颜六色的毽子在空中飞来飞去,特别有意思。安琪儿也想玩儿,她远远地看到走在前面的马小跳,就想找他一起玩儿。安琪儿快跑了几步,追上了走在前面的马小跳,

"马小跳,放学后我们玩儿踢毽子吧。"安琪儿对马小跳说。

"光踢多没意思啊,要是比赛还行。"马小跳在拔河比赛之后就对各种比赛上瘾了。安琪儿点头同意了。

晚上吃完饭,马小跳和安琪儿蹦蹦跳跳地到楼下准备进行踢毽子比赛。马小跳说:"咱们得制定一个比赛规则。"安琪儿睁大了眼睛问:

zěn me dìng ne
"怎么定呢？"马小跳想了想，说：

zán liǎ měi rén tī cì shéi cì tī de zǒng shù
"咱俩每人踢3次，谁3次踢的总数

duō shéi jiù yíng le
多，谁就赢了。"

hǎo ba jī běn shang mǎ xiǎo tiào shuō shén me ān
"好吧。"基本上马小跳说什么安

qí ér dōu huì tóng yì de
琪儿都会同意的。

mǎ xiǎo tiào tī de hǎo dì yī cì jiù tī le xià ān qí ér fèi jìn lì qì zhǐ
马小跳踢得好，第一次就踢了25下。安琪儿费尽力气只

tī le xià dì èr cì mǎ xiǎo tiào tī le xià ān qí ér yě tī le xià
踢了18下。第二次马小跳踢了30下，安琪儿也踢了30下。

dì sān cì mǎ xiǎo tiào hái shì tī le xià yǎn kàn mǎ xiǎo tiào jiù yào yíng le ān qí ér
第三次马小跳还是踢了25下。眼看马小跳就要赢了，安琪儿

jí de yǎn lèi dōu kuài chū lái le
急得眼泪都快出来了。

mǎ xiǎo tiào zuì pà ān qí ér kū le tā mǎ shàng ān wèi ān qí ér shuō ān
马小跳最怕安琪儿哭了，他马上安慰安琪儿说："安

qí ér nǐ zhǐ yào tī gè yǐ shàng jiù néng yíng guò wǒ la jiā yóu ya ān
琪儿，你只要踢32个以上，就能赢过我啦，加油呀！"安

qí ér yǎn lèi wāng wāng de kàn zhe mǎ xiǎo tiào wèn zhēn de ma nǐ shì zěn me suàn
琪儿眼泪汪汪地看着马小跳，问："真的吗？你是怎么算

chū lái de ne
出来的呢？"

解题密码

　　马小跳三次一共踢了80下，安琪儿前两次一共踢了48下，第三次只要她
踢32下，就和马小跳踢得一样多。如果想赢马小跳，只有第三次踢的超过32
下才行。

为什么用手计数

马小跳爱看课外书，尤其是爱看漫画书。可宝贝儿妈妈希望他多看一些和学习有关的书。今天，下班回家的宝贝儿妈妈给马小跳带回来一本有关数学奥妙的书，马小跳本来想随便翻翻就扔到书架上，可没想到，越看越上瘾，和看漫画书一样有趣。看完一个故事，马小跳就迫不及待地给宝贝儿妈妈讲了起来。

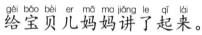

"老妈，你知道为什么人类最开始时用手计数吗？"马小跳一本正经地问道。

"为什么呀？"宝贝儿妈妈问他。

马小跳拿出那本书，边看边给宝贝儿妈妈绘声绘色地读起来："在人类还没有产生关于数字的语言之前，手指为人们计数提供了方便。因为几乎所有的人都有十个手指，计数的时候，可以通过触摸手指帮助记忆，也可以不用语言而只用手指来互相交流数量。手指与数字间的联系具有悠久的历史。"

"原来是这样啊。"宝贝儿妈妈说。

"那你知道为什么人类要发明数字吗？"马小跳又问道。

"是为了防止被骗。想象一下，如果你捕到了10条鱼，你让你认识的人帮你把鱼带回家，如果你不会数数，那个人就有可能偷走一些鱼，而你却被蒙在鼓里。"宝贝儿妈妈回答道。

"老妈，其实你早就看过这本书，是不是？"马小跳恍然大悟，不然妈妈怎么会知道得这么详细呢？

宝贝儿妈妈笑着点点头。

☆数学嘉年华☆

顺藤摸瓜

hǎo dà de xī guā ya mǎ xiǎo tiào de kǒu shuǐ dōu liú chū lái le kě shì xiǎng chī xī
好大的西瓜呀,马小跳的口水都流出来了。可是想吃西

guā jiù děi fèi diǎn er nǎo xì bāo shùn zhe guā téng mō dào le cái néng chī dào shùn zhe dé shù
瓜就得费点儿脑细胞,顺着瓜藤摸到了才能吃到。(顺着得数

wéi de guā téng zhǎo xī guā
为 12 的瓜藤找西瓜。)

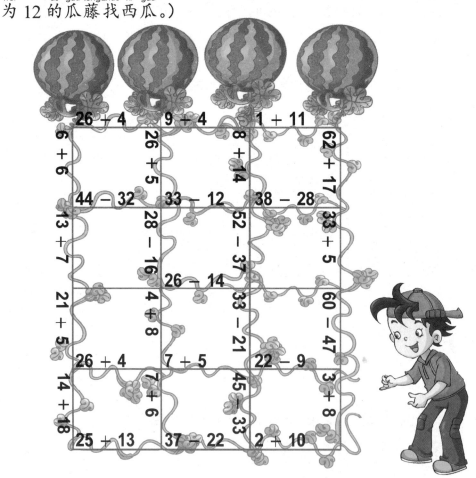

_{kàn dào mǎ xiǎo tiào chī xī guā} _{xiǎo fēi zhōu yě xiǎng chī} _{kě mǎ xiǎo tiào yī bǎ bào zhù}
看到马小跳吃西瓜，小非洲也想吃，可马小跳一把抱住

_{dà xī guā shuō} _{xiǎng chī a} _{guā dì li hái yǒu hǎo duō ne} _{zì jǐ qù zhāi ba} _{shùn}
大西瓜说："想吃啊，瓜地里还有好多呢，自己去摘吧！"（顺

_{zhe dé shù wéi} _{de guā téng zhǎo xī guā}
着得数为 15 的瓜藤找西瓜。）

双胞胎过生日

欢欢和乐乐是一对双胞胎姐妹，是新搬到马小跳家附近的邻居，她们和马小跳成了好朋友。

一天放学后，欢欢打电话给马小跳说："今天我过生日，我请你吃蛋糕，你现在就来我家吧。"马小跳放下电话就跑到了欢欢和乐乐家。

马小跳到了欢欢和乐乐家，见桌子上放着好大一个蛋糕，上面有好多奶油，可是，马小跳注意到，蛋糕上只写着"祝欢欢生日快乐"，为什么只祝福欢欢呢？欢欢和乐乐不是双胞胎吗？细心的马小跳疑惑地问道："蛋糕上怎么没有写乐乐的名字？"

乐乐不好意思地说："今年我不过生日。"马小跳以为是欢欢和乐乐的妈妈偏心，就为乐乐抱不平："你妈妈不给你过生日，我给你过。"姐妹俩知道马小跳误会了，忙解释道："马小跳，你知道每年的 2 月份有多少天吗？"马小跳想了想说："平年是 28 天，闰年是 29 天。"乐乐又说道："欢欢是 2016 年 2 月 28 号晚上出生的，而我却是 2016 年 2 月 29 号凌晨出生的，由于今年是平年，2 月只有 28 天，所以今年没有我的生日，我得 4 年才能过一次生日呢。不过每年欢欢过生日，妈妈总给我们准备两份一样的生日礼物。"

马小跳听后恍然大悟，说："你不早说，我还以为是你们的妈妈偏心呢。呵呵，差点儿闹出笑话。"

解题密码

小朋友们，你们知道平年和闰年吗？ 2 月多为 28 天，每隔三年就会出现一个 2 月是 29 天的年份。因为 2 月的特殊性，人们就把 2 月只有 28 天的这一年叫作平年，有 29 天的这一年叫作闰年。

中国数学界的伯乐

星期二课间休息的时候，马小跳看见他的同桌路曼曼在看一本书，书名没看到，但他看到路曼曼正在读《千里马和伯乐》的故事。马小跳有点儿感兴趣了，他问路曼曼："你看的是什么呀？借我看看。""借你你也看不懂。"路曼曼头都没抬地说。见

路曼曼小瞧他，马小跳有点儿生气了："伯乐不就是古代善于发现千里马的人吗？这个故事我早就看过了。"马小跳也要气气路曼曼，于是说："路曼曼，那你知道咱们国家数学界的伯乐是谁吗？"

路曼曼这才把头抬起来，看着马小跳说："你知道？""当然了！他就是熊庆来。""熊庆来？"路曼曼不知道这个人。马小跳神气地说道："他可是华罗庚的老师呢！当年是他发现了华罗庚的数学才华，并把华罗庚培养成一位数学家的。我觉得熊庆来就是一位伯乐，他发现了许多像华罗庚一样在数学方面有才华的人才。"马小跳说完，就跑到教室外面去找毛超他们玩儿了，留下路曼曼一个人在发呆：马小跳怎么知道这么多呢？

火柴游戏

星期三的早晨，小非洲刚坐到座位上，就神秘地对马小跳晃了晃手里的一个小盒子，说："马小跳，你猜猜我手里拿的是什么？"马小跳想都没想就抢过小非洲手里的小盒子，一看，奇怪了，原来是一盒火柴。"你拿火柴来上学？"马小跳疑惑地看着小非洲。小非洲神秘地笑笑，说："这你就不知道了吧？火柴棒还能做游戏呢！"马小跳真晕了，不知道小非洲葫芦里卖的什么药。

课间休息的时候，小非洲拿出火柴棒，在桌子上摆了一个数字——2，移动一下，数字2立刻变成了3。小非洲又移动了一下，3又变成了数字5。马小跳看得目不转睛。小非洲说："火柴棒不仅能摆数字，还能摆好看的图案呢！"接着，小非洲就摆

^{le yī gè yú de tú àn}
了一个鱼的图案。

^{mǎ xiǎo tiào jué de hěn yǒu qù   fēi yào zì jǐ bǎi yī bǎi}
马小跳觉得很有趣，非要自己摆一摆

^{guò yī xià yǐn   zhè shí hou   xiǎo fēi zhōu què shuō   nǐ yào shì}
过一下瘾。这时候，小非洲却说："你要是

^{néng zhǐ yí dòng   gēn huǒ chái bàng jiù bǎ wǒ bǎi de zhè tiáo yú diào}
能只移动3根火柴棒就把我摆的这条鱼掉

^{zhuǎn fāng xiàng   wǒ jiù bǎ zhè hé huǒ chái dōu sòng gěi nǐ}
转方向，我就把这盒火柴都送给你。"

^{mǎ xiǎo tiào bǎi le   fēn}
马小跳摆了 10 分

^{zhōng   yě méi shǐ yú diào zhuǎn fāng}
钟，也没使鱼掉转方

^{xiàng   jí de tā zhí xiàng máo chāo}
向，急得他直向毛超

^{qiú zhù}
求助。

^{xiǎo péng yǒu   nǐ zhī}
小朋友，你知

^{dào gāi zěn me bǎi ma}
道该怎么摆吗？

解题密码

　　要想让鱼掉转方向，需要将原来的鱼头变成鱼尾。可以按下面的方法移动火柴棒：

马小跳玩数学 1 年级

超市人真多

每个星期的休息日，安琪儿的妈妈都会带安琪儿去一次大超市。这个星期六，安琪儿的妈妈照例带着安琪儿来到了

她们家附近的超市。安琪儿的妈妈推着一辆购物车，安琪儿帮妈妈拿着购物袋，两个人开心地在超市里转起来。

一个小时以后，她们的购物车就被装得满满的了，可走到收银台的时候，她们有点儿发愁了，因为排队的人很多。安琪儿的妈妈让安琪儿数数哪个队伍人少，哪个

队伍人少，她们就去哪个队伍排队。安琪儿数了半天，说："那个队伍人少，是8个人，其他的不是9个人就是10个人。"于是，安琪儿的妈妈就站到了那个队伍的后面。没过一会儿，后面又来了3个人。

好不容易才结完账，安琪儿的妈妈长长地出了口气。

回到家，安琪儿对爸爸说："爸爸，超市人真多。"安琪儿不知道怎么跟爸爸形容，就只说，"我们结账的那一队，妈妈的前面有8个人，后面有3个人。"安琪儿的爸爸随口问道："那你们那队到底有多少人呀？"安琪儿想啊想啊，说："11人。"

小朋友们，你们说安琪儿算得对吗？

解题密码

安琪儿算得不对，她少算了一个人，那就是她的妈妈。其实是有12个人在排队。不信，你们自己画个图来看看吧。

林子聪愚弄安琪儿

xīng qī liù yī dà zǎo ān mā ma zài jiā
星期六一大早，安妈妈在家
jiù kāi shǐ máng huo qǐ lái le yòu shì zuò yú
就开始忙活起来了，又是做鱼
yòu shì qiē kǎo cháng de bù yòngxiǎng dōu zhī dào
又是切烤肠的，不用想都知道，
ān qí ér de biǎo gē zì chēng wéi shén tóng
安琪儿的表哥，自称为"神童"
de lín zǐ cōngyào lái ān qí ér jiā zuò kè le
的林子聪要来安琪儿家做客了。

bù yī huì er lín zǐ cōng jiù dào le
不一会儿，林子聪就到了。

ān mā ma ná chū tā gěi ān qí ér mǎi de hǎo chī de gěi lín zǐ cōng chī hái chāi kāi le yī
安妈妈拿出她给安琪儿买的好吃的给林子聪吃，还拆开了一
dà dài guǒ dòng fēn bié fēn gěi ān qí ér hé lín zǐ cōng yī xiē
大袋果冻，分别分给安琪儿和林子聪一些。

lín zǐ cōng kàn ān qí ér de guǒ dòngmíng xiǎn bǐ tā de duō jiù duì ān qí ér shuō
林子聪看安琪儿的果冻明显比他的多，就对安琪儿说：
hǎo dōng xi yīng gāi dà jiā píng jūn fēn ān qí ér nǐ tóng yì ma bèn bèn de ān qí
"好东西应该大家平均分，安琪儿，你同意吗？"笨笨的安琪
ér bù zhī dào lín zǐ cōng de huà shì shén me yì si jiù diǎn diǎn tóu shuō tóng yì a lín
儿不知道林子聪的话是什么意思，就点点头说："同意啊。"林
zǐ cōng jiē zhe shuō hǎo chī de yě yīng gāi píng jūn fēn nǐ shuō duì ma ān qí ér hái
子聪接着说："好吃的也应该平均分，你说对吗？"安琪儿还
shì diǎn diǎn tóu nà zán liǎ yīng gāi bǎ guǒ dòngpíng jūn fēn lín zǐ cōng zhè cái bǎ huà yǐn
是点点头。"那咱俩应该把果冻平均分。"林子聪这才把话引
dào le zhèng tí shang ān qí ér xiǎng le xiǎng jué de yǒu dào lǐ jiù shuō hǎo ba nà nǐ
到了正题上。安琪儿想了想，觉得有道理，就说："好吧，那你
shuō zěn me fēn lín zǐ cōngyǎn zhū yī zhuàn wāi zhǔ yi jiù lái le ān qí ér nǐ yǒu
说怎么分？"林子聪眼珠一转，歪主意就来了："安琪儿，你有

几个果冻？"安琪儿数了数："9个。你呢？"林子聪也数了数：

"我只有7个,你的比我的多2个,你得给我2个,这样咱俩才

算平均。"笨笨的安琪儿听了林子聪的话,

想都没想,就乖乖儿地拿出2个果冻给

了林子聪。

同学们,按照上面的分法,安琪

儿和林子聪的果

冻一样多吗？

解题密码

林子聪有7个果冻,安琪儿有9个果冻,两人一共有16个果冻,平均分以后每人应该有8个果冻。所以,安琪儿应该给林子聪1个果冻,而不是2个。

摆跳棋

星期二下午，轰隆隆老师拿了好多盒跳棋走进马小跳所在的班级。毛超看到以后好奇地问："轰隆隆老师，这节课不给我们变魔术啦？"张达也问："这……这节课下……下跳棋啊？"

轰隆隆老师说："这节课，我既不变魔术，也不让你们下跳棋，我是来测测你们的智商的。"哇，轰隆隆老师要给同学们测智商，大家一个个既兴奋又害怕。兴奋的是测智商肯定很有趣，害怕的是自己的智商测出来比别人低。同学们都紧张地看着轰隆隆老师，看他到底是怎么个测法。

只见轰隆隆老师给每个同学发了9个棋子，然后对大家说："现在我给你们每人9

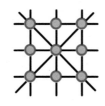

gè qí zǐ xū yào nǐ men bǎi chū pái měi pái bǎi gè qí zǐ
个棋子，需要你们摆出 8 排，每排摆 3 个棋子。"

dà jiā dōu kāi shǐ rèn zhēn de bǎi qǐ lái kě zěn me bǎi zěn me
大家都开始认真地摆起来，可怎么摆怎么

bù duì jìn er dīng wén tāo duì hōng lōng lōng lǎo shī shuō bǎi chū
不对劲儿，丁文涛对轰隆隆老师说："摆出

pái měi pái gè qí zǐ nà děi xū yào gè qí
8 排，每排 3 个棋子，那得需要 24 个棋

zǐ gè qí zǐ bù kě néng bǎi chū pái hěn duō
子，9 个棋子不可能摆出 8 排。"很多

tóng xué dōu tóng yì dīng wén tāo de shuō fǎ
同学都同意丁文涛的说法。

hōng lōng lōng lǎo shī xiào zhe shuō zhè jiù kǎo yàn nǐ men de zhì shāng le
轰隆隆老师笑着说："这就考验你们的智商了。"

tū rán ān qí ér duì hōng lōng lōng lǎo shī shuō lǎo shī wǒ bǎi chū lái le nín kàn
突然，安琪儿对轰隆隆老师说："老师，我摆出来了，您看

duì bu duì
对不对？"

hōng lōng lōng lǎo shī kàn wán mǎn yì de xiàng ān qí ér diǎn diǎn tóu shuō kàn lái ān
轰隆隆老师看完，满意地向安琪儿点点头，说："看来，安

qí ér tóng xué hěn cōng míng a
琪儿同学很聪明啊！"

解题密码

下图是安琪儿的摆法，圆圈表示棋子。小朋友，你想到了吗？

花束队和方块队

下个月学校就要开运动会了。马小跳、张达、唐飞和毛超他们几个兴奋不已。

经过选拔，夏林果、路曼曼等几个女生被选到花束队，马小跳、张达、唐飞、毛超、丁文涛，还有牛皮，被选到方块队。花束队和方块队每天放学后要在操场上训练齐步走。

花束队里都是女同学，方块队里都是男同学，这下，两支队伍明里暗里可就较着劲儿比上了。现在已经训练了一个多星期了，可还是花束队比方块队走得好，这让男生们很不服气。

毛超站在马小跳的旁边，小声问马小跳："花束队的人数是不是比我们少呢？人少的队伍更容易走得齐。"马小跳也不知道花束队的具体人数，他对毛超说："我只知道花束队向西走的时候，夏林果前面有5个人，向后转以后，再向

dōng zǒu   xià lín guǒ pái dì   yī gòng   liè   zhè huí nǐ yīng gāi zhī dào huā shù duì yǒu
东走，夏林果排第10，一共4列，这回你应该知道花束队有

duō shǎo rén   le   ba
多少人了吧？”

máo chāo náo le náo tóu   xiǎng le yī huì er   zì yán zì yǔ de shuō   yuán lái tā men
毛超挠了挠头，想了一会儿，自言自语地说：“原来她们

duì wu de rén shù hé zán men yī yàng duō a   kě rén jia zǒu de zěn me nà me qí ne
队伍的人数和咱们一样多啊，可人家走得怎么那么齐呢？”

xiǎo péng yǒu   nǐ zhī dào huā shù duì hé fāng kuài duì yǒu duō shǎo rén ma
小朋友，你知道花束队和方块队有多少人吗？

解题密码

　　在队伍向西走的时候，夏林果前面有5个人，队伍向后转以后向东走，夏林果排第10，这样，夏林果的后面就是5个人，所以，那一列就是15人，一共4列，就是60人。所以，花束队和方块队每个队都有60人。

"0"的故事

教数学的钱老师病了,谁会来代课呢?同学们都很好奇,马小跳想:要是欧阳校长来代课就好了,她上课最有趣了。果真,数学课的上课铃声一响,欧阳校长就走进了马小跳的班级。

欧阳校长说:"同学们,这节课我不给你们讲新课,我们来说一说数字中的'0'。"

说0?大家面面相觑,0不就是表示没有吗,有什么可说的?

欧阳校长笑了笑,说:"0除了表示没有外,还表示空位,它可是数学中最有用的符号之一呀。"同学们个个聚精会神,都仔细听起来。

"0 的发明，可要比其他数字晚得多，我国的古人在运算时，怕定位发生错误，开始时用'□'代表空位，为了书写方便，才逐渐写成了0。印度人最早用'·'表示零，后来逐渐变成了0。"

"你们说，0除了表示'没有'和'空位'外，还可以表示什么啊？"欧阳校长给同学们提了一个问题。同学们一时都答不上来。

"0除了表示'没有'和'空位'外，还可以表示'有'。比如我们听到的天气预报里说的气温是0摄氏度，并不表示没有温度，而是表示水结成冰的温度。0还可以表示'精确度'，3.5和3.50表示的精确度就不同，3.50就更精确一些。"

听了欧阳校长的讲解，同学们对0的认识就更加深了一步。

小朋友们，你们对0还有哪些认识呢？

搬书

新学期刚开学，同学们纷纷到班级报到。

秦老师对丁文涛说："丁文涛，你来帮老师把同学们的48本语文书搬到教室来。"丁文涛最不愿意干重活，他支吾道："我一个人搬不动吧？"马小跳最喜欢为同学们服务了，他立马站起来对秦老师说："老师，我去！"于是，丁文涛和马小跳一起来到秦老师的办公室。

dīng wén tāo qiǎng xiān shǔ le yī xiē yǔ wén
丁文涛抢先数了一些语文

shū bān qǐ lái jiù zǒu mǎ xiǎo tiào bǎ shèng xià
书，搬起来就走，马小跳把剩下

de shū shǔ le shǔ shì běn mǎ xiǎo tiào xīn
的书数了数，是28本。马小跳心

xiǎng dīng wén tāo zǒng ài táo bì láo dòng wǒ děi
想："丁文涛总爱逃避劳动，我得

zhì zhi tā
治治他。"

mǎ xiǎo tiào bān qǐ shèng xià de shū kuài bù niǎn shàng dīng wén tāo duì tā shuō wǒ de
马小跳搬起剩下的书，快步撵上丁文涛，对他说："我的

shū tài duō le yǒu diǎn er bān bù dòng wǒ de yě chén ne dīng wén tāo shuō dào yào
书太多了，有点儿搬不动。""我的也沉呢！"丁文涛说道。"要

bù zán liǎ yī rén bān yī bàn ba mǎ xiǎo tiào shuō dīng wén tāo zhuànzhuan xiǎo yǎn zhū shuō
不咱俩一人搬一半吧。"马小跳说。丁文涛转转小眼珠说：

hǎo ba nà nǐ jiù gěi wǒ běn ba mǎ xiǎo tiào xiào le xiào duì dīng wén tāo shuō xiǎng
"好吧。那你就给我2本吧。"马小跳笑了笑，对丁文涛说："想

de měi shuō zhe tā bǎ běn yǔ wén shū rēng gěi le dīng wén tāo
得美。"说着，他把4本语文书扔给了丁文涛。

dīng wén tāo guāi guāi er de bān zhe zhè xiē shū huí dào le jiào shì
丁文涛乖乖儿地搬着这些书，回到了教室。

xiǎo péng yǒu dīng wén tāo yào bāng mǎ xiǎo tiào bān běn mǎ xiǎo tiào wèi shén me yào gěi tā
小朋友，丁文涛要帮马小跳搬2本，马小跳为什么要给他

běn ne
4本呢？

解题密码

　　马小跳手中是28本，那么丁文涛手中就是20本，如果马小跳给丁文涛2本，马小跳手里的语文书还是比丁文涛多，所以，只有给丁文涛4本，两人搬的书数量才会一样多。

☆数学嘉年华☆

找搭档

运动会上，有个有趣的游戏，叫两人三足（两个人一组赛跑，但要用一根绳子绑住一个人的左脚和另一个人的右脚）。

马小跳班上有几个人参赛了，由手中的号码牌上的算式结果相同的组成一组，共有4组。小朋友，你知道他们谁和谁是搭档吗？

张 达　65+42+5

夏林果　38+67+2

毛 超　44+19+31

马小跳　8+2+4+6

唐 飞

23+54+17

丁文涛

27+17+63

路曼曼

44+52+16

安琪儿

1+4+6+9

解题密码

张达、路曼曼一组，夏林果、丁文涛一组，毛超、唐飞一组，马小跳、安琪儿一组。

还有几支蜡烛

上周的数学测验，马小跳得了满分，唐飞才得了80分。数学课上，钱老师表扬了马小跳，批评了唐飞。

放学的时候，唐飞对马小跳说："真倒霉，就因为我太马虎，算错了几道题，今天就挨了钱老师的批评。"路曼曼听见了，板起脸对唐飞说："老师批评你，是为了你好。"唐飞不服气地说："其实，我和马小跳的水平差不多，这次本来我也能打100分！"

马小跳不信唐飞和自己一样厉害，于是唐飞让路曼曼出题考考他和马小跳，看谁比谁聪明。

路曼曼说："一天晚上，一个人在屋子里点燃10支蜡烛，一阵风刮进来，吹灭了4支。那么，到第二天早晨的时候，还有几支蜡烛呢？"

唐飞不假思索地说："10支呗，吹灭了也还是蜡烛嘛！"

可路曼曼却摇摇头说:"不对。"之后她看了看马小跳,让马小
跳说还有几支。马小跳想了想说:"4支。"路曼曼点点头,对
唐飞说:"马小跳比你聪明,是4支。"

唐飞有点儿晕,追着马小跳问:"为什么是4支呢?"

同学们,你们知道是为什么吗?

解题密码

10支蜡烛,吹灭了4支,剩下的6支到第二天早晨已经燃尽了,所以还有4支,其实这是一个脑筋急转弯题。

安琪儿的课外书

zài ān qí ér fáng jiān de yī jiǎo　yǒu yī gè xiǎo shū
在安琪儿房间的一角，有一个小书

jià　qí zhōng de yī céng shì wèi ān qí ér zhǔn bèi de　lǐ
架，其中的一层是为安琪儿准备的，里

miàn fàng zhe xǔ duō ān mā ma gěi ān qí ér mǎi de kè wài
面放着许多安妈妈给安琪儿买的课外

shū　ān mā ma xī wàng ān qí ér néng duō kàn kan shū　néng
书。安妈妈希望安琪儿能多看看书，能

gòu bèn niǎo xiān fēi　kě ān qí ér zuì bù ài kàn shū le
够笨鸟先飞。可安琪儿最不爱看书了，

jí shǐ kàn le　kàn de yě shí fēn màn　shū jià shang luò de
即使看了，看得也十分慢。书架上落的

quán shì huī
全是灰。

zhè tiān　ān qí ér zài xiě zuò yè
这天，安琪儿在写作业，

ān mā ma biān cā shū jià shang de huī biān duì
安妈妈边擦书架上的灰边对

ān qí ér shuō　ān qí ér a　wǒ gěi nǐ
安琪儿说："安琪儿啊，我给你

mǎi le zhè me duō shū　nǐ
买了这么多书，你

zěn me bù kàn ne　ān
怎么不看呢？"安

qí ér dī zhe tóu jì　xù
琪儿低着头继续

xiě zuò yè　méi yǒu dá
写作业，没有答

huà　guò le yī huì er
话。过了一会儿，

ān qí ér tū rán tái tóu wèn mā ma   mā ma   wǒ yǒu duō
安琪儿突然抬头问妈妈:"妈妈,我有多

shǎo běn kè wài shū   ān mā ma shēng qì ān qí ér
少本课外书?"安妈妈生气安琪儿

lián zì jǐ yǒu duō shǎo běn kè wài shū dōu bù zhī dào
连自己有多少本课外书都不知道,

jiù duì ān qí ér shuō   nǐ shū jià shang de   shì jiè dì
就对安琪儿说:"你书架上的《世界地

tú de zuǒ biān yǒu   běn kè wài shū   shì jiè dì tú
图》的左边有10本课外书,《世界地图》

de yòu biān yǒu   běn kè wài shū   nǐ shuō nǐ yǒu duō shǎo běn kè
的右边有8本课外书。你说你有多少本课

wài shū   yī tīng mā ma gěi zì jǐ chū shù xué tí ān qí ér de méi mao yòu nǐng dào le yī
外书?"一听妈妈给自己出数学题,安琪儿的眉毛又拧到了一

qǐ   tā xiǎng le yī huì er shuō   běn wǒ yǒu   běn kè wài shū
起。她想了一会儿说:"18本,我有18本课外书!"

ān mā ma tàn le kǒu qì shuō   ān qí ér   nǐ suàn de bù duì   nǐ zài zǐ xì xiǎng
安妈妈叹了口气说:"安琪儿,你算的不对。你再仔细想

xiang dào dǐ shì duō shǎo běn   ān qí ér yī tīng bù duì   zhǐ dé zài xiǎng   yòu xiǎng le bàn
想,到底是多少本?"安琪儿一听不对,只得再想,又想了半

tiān tā tū rán gāo xìng de shuō   mā ma wǒ zhī dào le   shì   běn   ān mā ma zhè cái
天,她突然高兴地说:"妈妈,我知道了,是19本。"安妈妈这才

miàn lù xiào róng kàn lái ān qí ér bìng bù bèn   zhǐ yào duō xiǎng yī huì er   tā hái shì néng xiǎng
面露笑容,看来安琪儿并不笨,只要多想一会儿,她还是能想

chū zhèng què dá àn de
出正确答案的。

解题密码

安琪儿一开始算是18本,为什么不对呢?因为安琪儿少算了一本《世界地图》呀!

数和数字

数学课上，数学老师先在黑板上写了 0～9 这十个数字，然后让大家仔细观察，看这几个数字分别像什么。毛超最先抢着说："0 像一个大鸭蛋，我们考试得 0 分的时候，常常被人们说成考试得了个大鸭蛋。"同学们听了都笑起来。丁文涛说："1 就像老师手中的粉笔。""2 像水上游着的小鸭子。"小非洲说。马小跳也抢着说："3 像我的耳朵。"张达慢吞吞地说："4……4 像一面小……小红旗。"接着同学们陆续说出 5 像秤钩，6 像一个音符，7 像镰刀，8 像花生，9 像气球。

随后，数学老师又问大家："0～9 是数呢还是数字？"同学们有的说是数，有的说是数字。老师问了路曼曼，"我觉得，它们既是数也是数字。"路曼曼回答道。"那 25 呢？"数学老师继续问。"我觉得25是一个数，也是一个数字。"路曼曼有点儿不确定地回答道。

数学老师摇摇头说："25是一个数，它是由2和5这两个数字组成的。数和数字是不一样的。"

同学们这才恍然大悟：数和数字虽然只差了一个字，但是它们的意义却是完全不同的。数可以表示事物的多少或排列顺序。数字是表示数目的符号，也叫作"数码"。

0～9这10个数字，按照一定的顺序排列起来就是表示数，而且用它们可以组成任意一个数。

马小跳玩数学 1年级

为什么叫阿拉伯数字

通常，我们把1，2，3，4，5，6，7，8，9，0称为阿拉伯数字。为什么叫"阿拉伯数字"呢？难道它们是阿拉伯人发明的吗？

其实，阿拉伯数字出自印度人之手。早在公元前3000年，印度河流域居民的数学知识就已经比较丰富，并采用了十进制的计算法。阿拉伯数字是印度人在大约1600多年前发明的。

中世纪欧洲的一些学者们，从

阿拉伯传来的书籍中学到了科学知识。通过这些书籍，欧洲人熟悉了几乎整个古代的数学创造，但是开始时，欧洲人却把它们全部当成了阿拉伯的数学成就。他们把由阿拉伯传入的印度数字，当

成是阿拉伯人的创造，所以给它们起了个名字，叫"阿拉伯数字"。

　　阿拉伯数字大约是在13～14世纪的时候传入我国的。由于我国古代有一种数字——"筹码"，写起来比较方便，所以阿拉伯数字当时在我国没有被广泛地推广和使用。20世纪初，随着我国对外国数学成就的吸收和引用，阿拉伯数字在我国才开始慢慢使用，现在，它们已经成为人们学习、生活和交往中常用的数字了。

谁先到达儿童乐园

儿童乐园来了一些新朋友：憨态可掬的企鹅，温顺听话的白鲸，聪明乖巧的海豚……这对马小跳来说可是喜事。这不，周六一早，马小跳就开始召集他的朋友们去儿童乐园。唐飞、毛超一听，立即说："下午就去。"可张达因为下午有跆拳道比赛，只好不带他了。

"咱们下午1点准时从家里出发，怎么样？"马小跳开始布置下一步行动计划。

"好，不过，我家和你家到儿童乐园的距离不一样，你要是先到了，可要等我一会儿，不许自己先进去。"毛超嘱咐马小跳说。

"这还真是个问题，咱们几个谁先到还不一定呢！还是等我研究一下再定各自的出发时间吧。"说完，马小跳挂了电话。

下面就是他们三个从家到儿童乐园

<ruby>的<rt>de</rt></ruby><ruby>路<rt>lù</rt></ruby><ruby>线<rt>xiàn</rt></ruby><ruby>图<rt>tú</rt></ruby>，<ruby>如<rt>rú</rt></ruby><ruby>果<rt>guǒ</rt></ruby><ruby>同<rt>tóng</rt></ruby><ruby>时<rt>shí</rt></ruby><ruby>从<rt>cóng</rt></ruby><ruby>家<rt>jiā</rt></ruby><ruby>出<rt>chū</rt></ruby><ruby>发<rt>fā</rt></ruby>，<ruby>谁<rt>shuí</rt></ruby><ruby>会<rt>huì</rt></ruby><ruby>最<rt>zuì</rt></ruby><ruby>先<rt>xiān</rt></ruby><ruby>到<rt>dào</rt></ruby><ruby>达<rt>dá</rt></ruby><ruby>儿<rt>ér</rt></ruby><ruby>童<rt>tóng</rt></ruby><ruby>乐<rt>lè</rt></ruby><ruby>园<rt>yuán</rt></ruby>，<ruby>谁<rt>shuí</rt></ruby><ruby>会<rt>huì</rt></ruby>

<ruby>第<rt>dì</rt></ruby><ruby>二<rt>èr</rt></ruby><ruby>个<rt>gè</rt></ruby><ruby>到<rt>dào</rt></ruby><ruby>达<rt>dá</rt></ruby>，<ruby>谁<rt>shuí</rt></ruby><ruby>会<rt>huì</rt></ruby><ruby>最<rt>zuì</rt></ruby><ruby>后<rt>hòu</rt></ruby><ruby>到<rt>dào</rt></ruby><ruby>达<rt>dá</rt></ruby><ruby>呢<rt>ne</rt></ruby>？

解题密码

唐飞第一个到，毛超第二个到，马小跳最后到。

看地图，算路程

sì dà jīn gāng yuē hǎo le tóng shí chū fā qù niú pí jiā gēn jù dì tú nǐ zhī
"四大金刚"约好了同时出发去牛皮家，根据地图，你知
dào shéi dì yī gè dào shuí zuì hòu dào ma
道谁第一个到，谁最后到吗？

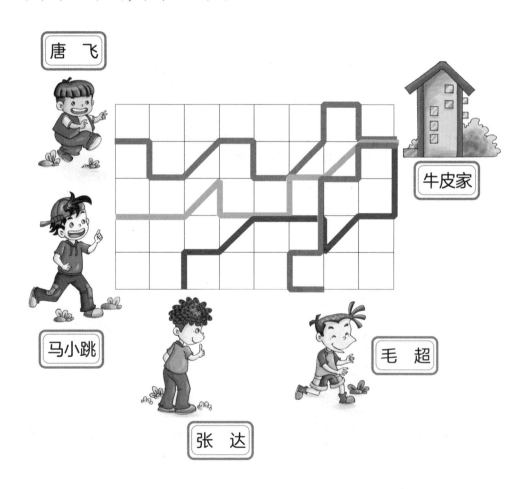

rú guǒ ràng nǐ gěi tā men shè jì qù niú pí jiā de lù xiàn　nǐ jué de zěn me zǒu zuì

如果让你给他们设计去牛皮家的路线，你觉得怎么走最

jìn ne　zài xià miàn huà hua kàn

近呢？在下面画画看！

牛皮家

解题密码

毛超最先到，马小跳和张达一起到，唐飞最后到。

船上都是谁

周日，"四大金刚"约好一起去划船。

"我们划那条船吧，它可以坐4个人呢。"唐飞指着一条大船说。

"我才不要呢，记得去年，你也说大家划一条船，结果你一桨的力都没出，害得我手都被磨破了。还是一人一条船比较公平！"毛超可不想重演去年的"悲剧"。

"我也同意一人一条船，这样可以看看咱们谁划得快！"马小跳站在了毛超这边。

就这样，4个人一人上了一条小船。

4个人划呀，划呀，谁也没注意岸边有个画画儿的大哥哥。他们上岸后才发现自己已经成了"画中人"。

"大哥哥，你画的是什么呀？"上岸后，马小跳第一个发现了画画儿的大哥哥。

"画的是你们呀。"

"可为什么只有船呢？"毛超挤过来，看了一眼问。

"一会儿再画你们。光看船我就知道你们一个比一个重。"大哥哥依次指着毛超、马小跳、张达和唐飞说，猜猜看，你们各自的船是哪一条？"

"船全是一样的嘛！"唐飞皱着眉头说。

"再好好儿观察观察！"大哥哥一边画一边说。

"嗯，不一样。"马小跳仔细看了一会儿说。

"哪儿不一样？"唐飞还是没看出来。

"船的吃水深度不同。"马小跳逐一指着 4 条船说。

那么，1 号、2 号、3 号和 4 号小船上坐的各是谁呢？

解题密码

1 号船上是马小跳，2 号船上是毛超，3 号船上是唐飞，4 号船上是张达。体重越大，船没入水下的部分就越多，小朋友，你发现了吗？

喝饮料

马小跳爱喝饮料。只要是和宝贝儿妈妈去超市，他就缠着宝贝儿妈妈给他买饮料。可宝贝儿妈妈总说饮料喝多了对身体不好。星期六的下午，宝贝儿妈妈带着他去超市购物，恰巧有一款饮料在搞促销活动，4个饮料的空瓶可以换1瓶饮料。

马小跳已经很久没有喝饮料了，馋得不行。他央求宝贝儿妈妈说："老妈，你看，买饮料多合适啊，买4瓶可以喝5瓶呢！"宝贝儿妈妈看出了马小跳的小心计，说："那我考考你吧，你要是答对了，今天就给你买，要是答错了，就喝不到饮料了。""没问题。"马小跳高兴地答道。"如果今天我们买了16瓶饮料，你最多可以喝到多少瓶？""这还不简单，买16瓶的话，我最多能喝到20瓶呀。"马小跳想了想，很有把握地说。他觉得自己好像已经喝到饮料那甜甜的味道了。

kě zhè shí　　bǎo bèi er mā ma què xiào hē
可这时，宝贝儿妈妈却笑呵

hē de shuō　　　wǒ men kě yǐ huí jiā le　　jīn tiān
呵地说："我们可以回家了，今天

nǐ hē bù dào yǐn liào la　　　　wèi shén me ya
你喝不到饮料啦。""为什么呀？

nán dào wǒ suàn de bù duì ma　　　mǎ xiǎo tiào zháo
难道我算得不对吗？"马小跳着

jí de wèn　　　bǎo bèi er mā ma shuō　　nǐ zhè ge
急地问。宝贝儿妈妈说："你这个

xiǎo hú tu chóng　　wǒ jiù néng bǐ nǐ duō hē yī
小糊涂虫，我就能比你多喝一

píng　　mǎ xiǎo tiào zǐ xì xiǎng le xiǎng　　rán hòu xīn
瓶。"马小跳仔细想了想，然后心

fú kǒu fú de hé bǎo bèi er mā
服口服地和宝贝儿妈

ma huí jiā le
妈回家了。

解题密码

每4个空瓶可以换1瓶，16瓶可以换4瓶，换来的4瓶喝完了还可以换1瓶，所以最多可以喝到21瓶。

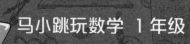

马小跳玩数学 1年级

握手与敬礼

马天笑先生下班回家，进门的第一句话就是："累死了，今天开了一个40人的会议，会上和每个人都握了一次手，握了40次手，可真麻烦。"马小跳听了，问马天笑先生："是一共40人开会吗？"马天笑先生点点头，回答说："是啊。"马小跳一听，立刻嘲笑起马天笑先生来："老爸，你可真笨，40人开会，你怎么会握40次手呢？你今天一共握了39次手才对。"马天笑先生听了儿子的话，仔细一想，可不是吗，这40人中还包括自己呢，他被自己的糊涂给逗乐

了,直夸儿子反应快。

听了马天笑先生的夸奖,马小跳有点儿不好意思了,他说:"其实,今天我和你犯了一个同样的错误,所以我才知道你算错了。数学课上,老师问我们,如果每天第一节课之前,每个同学给老师与其他同学每人敬一个礼的话,那么一个同学一天得敬多少个礼。我想我们班有48人,加上老师,那就是49人,于是,我脱口而出:'49个!',同学们都笑话我,尤其是毛超他们几个,笑话我不会数数。"

马天笑先生听了儿子的话,开导马小跳说:"这有什么呀,同学之间开开玩笑是正常的。不要怕犯错,重要的是从错误中吸取经验教训,以后不再犯同样的错误。"马小跳看看老顽童似的马天笑先生,开心地笑了。

 解题密码

无论是握手还是敬礼,都要从总人数中减去"自己"才对。

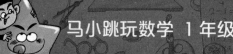

合唱队的队形

yuán dàn kuài yào dào le xué xiào yào jǔ xíng wén yì huì
元旦快要到了，学校要举行文艺会

yǎn měi gè bān dōu yào xuǎnsòng yī gè jié mù mǎ xiǎo tiào
演，每个班都要选送一个节目。马小跳

tā men bān de jié mù shì yī gè rén de dà hé chàng lù
他们班的节目是一个24人的大合唱。路

màn màn shì hé chàng duì de duì zhǎng měi tiān fàng xué hòu tā dōu
曼曼是合唱队的队长，每天放学后她都

hěn rèn zhēn de lǐng zhe hé chàng duì de xiǎo duì yuán men liàn xí
很认真地领着合唱队的小队员们练习。

zuó tiān cǎi pái wán yǐ hòu mǎ xiǎo tiào jiù fā xiàn lù màn màn yǒu diǎn er mèn mèn bù lè
昨天彩排完以后，马小跳就发现路曼曼有点儿闷闷不乐，

yú shì tā wèn lù màn màn wǒ shuō hé chàng duì de dà duì zhǎng shén me shì bǎ nǐ nán zhù
于是他问路曼曼："我说合唱队的大队长，什么事把你难住

le lù màn màn yǒu diǎn er lěng dàn de shuō shuō le nǐ yě bāng bu shàngmáng nǐ shuō
了？"路曼曼有点儿冷淡地说："说了你也帮不上忙。""你说

ba méi yǒu wǒ men sì dà jīn gāng jiě jué bù liǎo de shì lù màn màn kàn le kàn mǎ xiǎo
吧，没有我们'四大金刚'解决不了的事。"路曼曼看了看马小

tiào xīn xiǎng yě xǔ mǎ xiǎo tiào néng yǒu bàn fǎ tā de guǐ diǎn zi duō yú shì lù màn màn
跳，心想：也许马小跳能有办法，他的鬼点子多。于是路曼曼

shuō cǎi pái de shí hou lǎo shī ràng wǒ bǎ hé chàng duì de duì yuán pái chéng háng měi háng
说："彩排的时候，老师让我把合唱队的队员排成6行，每行

bì xū yǒu gè rén hé chàng duì zhǐ yǒu gè rén nǐ shuō zěn me pái ne lù màn
必须有5个人。合唱队只有24个人，你说怎么排呢？"路曼

màn wéi nán de shuō
曼为难地说。

mǎ xiǎo tiào tīng lù màn màn shuō wán ná bǐ jiù zài yǎn suàn zhǐ shang xiě xiě huà huà qǐ
马小跳听路曼曼说完，拿笔就在演算纸上写写画画起

lái bù yī huì er jiù huà le yī gè hé chàng duì de duì xíng tú lù màn màn kàn le lì kè
来，不一会儿就画了一个合唱队的队形图，路曼曼看了，立刻

xiào zhú yán kāi
笑逐颜开。

mǎ xiǎo tiào shì zěn me jiě jué zhè ge nán tí de ne
马小跳是怎么解决这个难题的呢？

 解题密码

只要像下图这样排就好了。

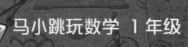

跳格子

wài miàn xià yǔ le　ān qí ér bù néng hé huānhuan　lè le
外面下雨了，安琪儿不能和欢欢、乐乐

yī qǐ qù tiào gé zi　yù mèn jí le
一起去跳格子，郁闷极了。

zhèng zài zhè shí　mǎ xiǎo tiào lái zhǎo tā le　yuán lái　mǎ
正在这时，马小跳来找她了。原来，马

xiǎo tiào yě jué de mēn zài jiā li wú liáo jí le　hěn shì yù mèn
小跳也觉得闷在家里无聊极了，很是郁闷。

ān qí ér　zán men xià jūn qí ba
"安琪儿，咱们下军棋吧。"

ān qí ér yáo le yáo tóu
安琪儿摇了摇头。

dǎ yóu xì
"打游戏？"

ān qí ér hái shì yáo le yáo tóu
安琪儿还是摇了摇头。

nà nǐ yào wán er shén me　mǎ xiǎo
"那你要玩儿什么？"马小

tiào yǒu diǎn er shēng qì le
跳有点儿生气了。

tiào gé zi　ān qí ér jiān dìng de shuō
"跳格子！"安琪儿坚定地说。

mǎ xiǎo tiào gāngxiǎngshuō　xià yǔ zěn me tiào gé zi　kě huà dào zuǐ biān què chéng le
马小跳刚想说"下雨怎么跳格子"，可话到嘴边却成了：

hǎo ba　yīn wèi tā xiǎng qǐ le yī gè shù xué yóu xì
"好吧！"因为他想起了一个数学游戏。

zán men tiào shù xué gé zi ba　mǎ xiǎo tiào zhǎ ba zhǎ ba yǎn jing duì ān qí ér shuō
"咱们跳数学格子吧。"马小跳眨巴眨巴眼睛对安琪儿说。

tiào shù xué gé zi　ān qí ér méi tīng shuō guò
"跳数学格子？"安琪儿没听说过。

mǎ xiǎo tiào xiàng ān qí ér yào le zhǐ hé bǐ huà le háng gé zi
马小跳向安琪儿要了纸和笔，画了3行格子，

rán hòu zài gé zi li tián le yī xiē shù zhī hòu bǎ bǐ jiāo gěi ān qí ér
然后在格子里填了一些数，之后把笔交给安琪儿，

shuō tiào ba
说："跳吧。"

zěn me tiào ān qí ér mǎn liǎn yí huò de wèn mǎ xiǎo tiào
"怎么跳？"安琪儿满脸疑惑地问马小跳。

zán liǎ yī cì wǎng gé zi li tián shù shéi tián de duì shéi jiù yíng le mǎ xiǎo tiào
"咱俩依次往格子里填数，谁填的对谁就赢了。"马小跳

nài xīn de gào su ān qí ér
耐心地告诉安琪儿。

1	3	5		9	11

1	2	3	5		

1	2	4	7		

解题密码

第一行后面的数都比前面的数大2，所以格子里依次填入的是7，13。

第二行后面的数都是前面2个数的和，所以依次填入的是8，13，21。

第三行后面的数依次比前面的数大1，2，3…所以应该依次填11，16，22。

☆ 数学嘉年华 ☆

想一想，比一比

sì dà jīn gāng zài yī jiā yǐn liào diàn li hē yǐn liào bù yī huì er tā men
"四大金刚"在一家饮料店里喝饮料，不一会儿，他们

fā xiàn yǐn liào jī li yuán běn yī yàng duō de sān zhǒng yǐn liào shèng xià de què bù yī yàng duō
发现饮料机里原本一样多的三种饮料剩下的却不一样多。

xiǎo péng yǒu nǐ néng gēn jù tú piàn pàn duàn chū nǎ zhǒng yǐn liào mài de zuì kuài zuì shòu huān
小朋友，你能根据图片判断出哪种饮料卖得最快，最受欢

yíng ma
迎吗？

fàng xué de lù shang yǒu liǎng gè rén zài mài jīn yú yī yàng de yú gāng fàng rù jīn yú

放学的路上，有两个人在卖金鱼，一样的鱼缸，放入金鱼

hòu shuǐ wèi yě yī yàng gāo xiàn zài jīn yú mài guāng le tōng guò guān chá yú gāng nǐ zhī dào

后，水位也一样高，现在金鱼卖光了，通过观察鱼缸，你知道

shéi mài de jīn yú duō ma

谁卖的金鱼多吗？

解题密码

可乐最受欢迎；第二个人卖的金鱼多。

数学的起源

马小跳在一本历史书中看到"结绳记事"这个词，他不太明白这个词是什么意思，于是下课后就问路曼曼。

路曼曼告诉他说："'结绳记事'就是用在绳子上打结的方式来计数、记事。"马小跳听了，很奇怪地问路曼曼："用数字记不行吗？给绳子打结多麻烦呀。"路曼曼听了马小跳的话，笑得头都抬不起来了："结绳记事已经是几百万年前的事了，你也不想想，那时候还没有数字，更没有数学。"马小跳恍然大悟。"那是什么时候才有数学的呢？"马小跳有点儿好奇。

路曼曼像个小老师一样给马小跳讲起来："原始社会，人们以采集野果、围猎野兽为生。这种活动常常是集体的，所得的'产品'也平均分配。这样，便渐渐产生了数量的概念，那时候，人们是用手来计数的。可手还要做别的事情，不能老用来计数呀，这样，人们就发明了打绳结来计数的方法。人们在绳子上打结，一个绳结就代表一头野兽，两个绳结就代表两头野兽，或者一个大结代表一头大兽，一个小结代表一头小兽。古代的人不光用绳结计数，还用石子计数。后来，人们觉得打绳结、摆石子太麻烦，就发明了用刻痕来计数的方法，这样就产生了最初的文字以及最初的数学符号。真正的数学就这样开始了。"

马小跳正听得津津有味，上课铃就响了。路曼曼说："数学的故事还多着呢，三天三夜都讲不完。"

祝福微信

大年初一的早晨，安妈妈的手
机响声不断，安妈妈对安琪儿说：
"肯定是我单位的同事们给我发的
祝福，我的小天使，你帮妈妈念念。"

安琪儿取来妈
妈的手机，打开一
条微信念道："在新
的一年里，祝你12
个月月月开心，52
个星期期期愉快，
365 天天天好运，
8760 个小时时时高
兴，525600 分分分
幸福，31536000 秒
秒秒成功。"一口

气念完，安琪儿累得直喘粗气，"这是什么祝福信息呀，我看是数字信息。"

安妈妈想，这条信息里有这么多数字，可以考考安琪儿，就问安琪儿："安琪儿，发信息的人为什么要发这么多数字呢？""大概是想祝妈妈好多天、好多小时、好多分都愉快吧。"安琪儿想了想说。"你觉得这些数字之间有没有联系呢？"安妈妈启发她说。安琪儿想了想说："我只知道一年有12个月，其他的就不知道了。"

"妈妈告诉你，一年呢，有52个星期，也差不多有365天，这些天加在一起一共有8760个小时，也就是相当于525600分，还等于31536000秒。"安琪儿听得直糊涂，一年怎么有那么多小时那么多分那么多秒呢？这些数字对安琪儿来说，简直是庞大的天文数字。

解题密码

其实微信里的每串数字，都相当于一年。

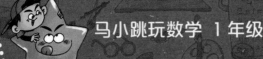

你了解人民币吗

yī tiān táng fēi yòu lā zhe mǎ xiǎo tiào qù xué xiào mén kǒu de shí zá diàn mǎi hǎo chī de
一天，唐飞又拉着马小跳去学校门口的食杂店买好吃的，

yī dài shǔ piàn shì yuán jiǎo qián táng fēi zài dōu er li fān le bàn tiān fān chū le zhāng
一袋薯片是3元7角钱，唐飞在兜儿里翻了半天，翻出了3张

yuán de zhǐ bì yòu fān chū le gè jiǎo de yìng bì gěi shòu huò yuán kàn zhe nà yī xiǎo
1元的纸币，又翻出了2个5角的硬币给售货员。看着那一小

duī er qián táng fēi shuō zhēn má fan zán men de qián yào shì yǒu yuánmiàn zhí de hé jiǎo
堆儿钱，唐飞说："真麻烦，咱们的钱要是有3元面值的和7角

miàn zhí de gāi yǒu duō shèng shì
面值的，该有多省事

ya mǎ xiǎo tiào yě jué de táng
呀。"马小跳也觉得唐

fēi shuō de yǒu diǎn er dào lǐ wèi
飞说得有点儿道理，为

shén me wǒ men huā de
什么我们花的

rén mín bì zhǐ yǒu
人民币只有 1

yuán yuánděngmiàn zhí
元、5元等面值

de ér méi yǒu yuán
的，而没有3元、

yuán yuán yuán
4元、6元、7元、

yuán yuánděngmiàn
8元、9元等面

zhí de ne
值的呢？

fàng xué hòu mǎ
放学后，马

小跳回到家的第一件事就是打开电脑，他要上网查一查，了解一下为什么有1元、5元等面值的人民币，却没有3元、7元等面值的人民币。

原来，在1～10这10个数中，有"重要数"和"非重要数"之分。1,2,5,10就是重要数。用这几个重要数很容易经过加加减减得到其他的数，比如1＋2＝3,2＋2＝4,1＋5＝6,2＋5＝7,10－2＝8,10－1＝9。银行在发行人民币时，充分考虑到这一点，而且面值种类少，人们使用起来也比较方便。

此外，每多一种人民币的面值，就要在制版、印刷、发行、防伪等方面多花费很多人力、物力、财力。只要利用1,2,5等面值的人民币，就可以很容易地组合出任何金额，所以印制和发行其他面值的人民币便没有太大的意义了。不过，根据市场流通需要，现在2元、2角两种面值都退出了流通领域。

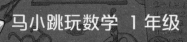

彩旗飘飘

六一儿童节就要到了，欧阳校长决定让同学们把校园打扮打扮，这样才能更突出节日的气氛。之所以让同学们来设计，是因为"六一"是同学们的节日，同学们的设计布置能使校园显得更加活泼可爱。

路曼曼等女同学要在校园里摆上好看的花儿。马小跳等男生要在校园里插上鲜艳的彩旗。欧阳校长听了，觉得他们的想法都不错，于是让男同学在从校门口到教学楼前面的一段 32 米长的甬道的一边插上彩旗。

马小跳他们高兴得直蹦，这可是他们第一次亲自布置自己的校园啊。

可是，欧阳校长却补充说：
"在发给你们彩旗之前我得看你们
布置得合理不合理。"欧阳校长问
马小跳他们，"现在我有红、黄、蓝
3种颜色的彩旗各3面，你们打算
相隔多远的距离插一面呢？"

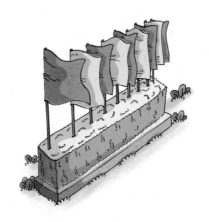

毛超说："这好算，3种旗各3面，一共是9面彩旗，用32÷9
得到的数就是平均距离。"欧阳校长听了摇摇头，问马小跳："马
小跳，你觉得应该多远插一面呢？"马小跳仔细想了想，说："我
觉得32÷8得到的数才是平均距离。"欧阳校长这才笑着说：
"应该按马小跳说的距离插，你们可以去我那儿领彩旗了。"

马小跳他们按照红、黄、蓝的顺序每隔4米插了一面彩
旗，插完一看，真漂亮啊！

 解题密码

　　32米长的甬道，从头到尾插上彩旗，彩旗是9面，旗与旗之间有8个间隔，
所以要用32÷8，正确的距离应该是4米。

不爱爬楼梯的唐飞

唐飞因为胖，所以得了个"企鹅唐飞"的外号。唐飞的妈妈听说每天多爬楼梯可以减肥，就对唐飞说："唐飞呀，每天爬200级楼梯，就可以减肥。以后你每天吃完晚饭，就出去爬楼梯吧。"

唐飞爱吃，但是不爱动，他对妈妈说："我每天都上下楼，干吗还要特意去爬楼梯呀？"

唐妈妈问他："那你爬够200级了吗？人家说每天爬200级才能起到减肥的作用呢。"

唐飞狡黠地对妈妈说："老妈，咱家

zhù   lóu měi tiān wǎn shang huí lái měi shàng yī
住5楼，每天晚上回来每上一

céng ne   wǒ jiù děi pá   jí tái jiē shàng
层呢，我就得爬20级台阶，上

dào   céng wǒ jiù pá le   jí tái jiē
到5层，我就爬了100级台阶；

zǎo chen xià lóu   wǒ yě shì xià le   jí
早晨下楼，我也是下了100级

tái jiē   zhè yàng měi tiān wǒ dōu pá gòu   jí
台阶。这样，每天我都爬够200级

tái jiē la
台阶啦。"

mā ma jué de táng fēi shuō de duì   yě jiù bù zài miǎn qiǎng táng fēi
妈妈觉得唐飞说得对，也就不再勉强唐飞

le   kě zhè shí táng fēi de bà ba què shuō   nǐ měi tiān jué duì méi yǒu pá gòu   jí tái
了，可这时唐飞的爸爸却说："你每天绝对没有爬够200级台

jiē xiǎng gēn nǐ lǎo mā shuǎ xīn yǎn er   méi mén er
阶，想跟你老妈耍心眼儿，没门儿！"

táng fēi tǔ le tǔ shé tou shuō   lǎo bà wǒ de huā zhāo er bèi nǐ shí pò la
唐飞吐了吐舌头，说："老爸，我的花招儿被你识破啦！"

táng fēi mā ma zhè shí hou hái bèi méng zài gǔ li   tā yī gè jìn er de wèn táng fēi
唐飞妈妈这时候还被蒙在鼓里，她一个劲儿地问唐飞：

nǐ men yé liǎ dào dǐ zài shuō shén me ne   táng fēi xiào xī xī de shuō bù hǎo yì si
"你们爷俩到底在说什么呢？"唐飞笑嘻嘻地说："不好意思，

lǎo mā shí jì wǒ měi tiān zhǐ pá le   jí tái jiē
老妈，实际我每天只爬了160级台阶。"

解题密码

5层楼，其实只有4段楼梯，每段楼梯有20级台阶，唐飞上一次楼一共才需要爬80级台阶，下楼也是爬80级台阶，所以他一天一共才爬了160级台阶。

帮数字兄弟找家

shù zì xiōng dì men tài táo qì le　　 tā men chèn bà ba mā ma bù zài　　 quán pǎo chū lái
数字兄弟们太淘气了，他们趁爸爸妈妈不在，全跑出来

le　 tā men pǎo ya pǎo ya　　bù zhī bù jué tiān jiù hēi le　 zhè cái xiǎng qǐ gāi huí jiā le
了。他们跑呀跑呀，不知不觉天就黑了，这才想起该回家了。

kě shì　　　 tā men zhǎo bu dào huí jiā de lù
可是，他们找不到回家的路

le　 jí de wā wā dà kū
了，急得哇哇大哭。

mǎ xiǎo tiào zhèng qiǎo yù dào le　kě lián bā bā
马小跳正巧遇到了可怜巴巴

de shù zì xiōng dì　 yī xiàng rè xīn cháng de mǎ xiǎo tiào
的数字兄弟。一向热心肠的马小跳

zěn me kě néng zuò shì bù guǎn ne　　 tā xiàn zài zhǔn bèi
怎么可能坐视不管呢？他现在准备

bǎ shù zì xiōng dì men sòng huí jiā　　 xiǎo péng yǒu　　 nǐ
把数字兄弟们送回家。小朋友，你

yào bu yào hé mǎ xiǎo tiào yī qǐ zuò hǎo shì ne
要不要和马小跳一起做好事呢？

zhè jiǔ xiōng dì
1，2，3，4，5，6，7，8，9 这九兄弟

yī rén zhù yī jiān fáng　　 nǐ zhǐ yào àn zhe suàn shì de
一人住一间房，你只要按着算式的

yāo qiú　　 bǎ zhè　　 gè shù zì xiōng dì yī yī tián
要求，把这 9 个数字兄弟一一填

jìn qù　 tā men jiù néng huí dào gè zì de
进去，他们就能回到各自的

jiā le　 zhù yì a　 měi gè shù
家了。注意啊，每个数

zì zhǐ néng yòng yī cì yo
字只能用一次哟。

shù zì xiōng dì men zhǎo dào jiā le ma　huí tóu hǎo hāo er yàn suàn yī xià　kě qiān wàn

数字兄弟们找到家了吗？回头好好儿验算一下，可千万

bié tián cuò le yo

别填错了哟。

rú guǒ nǐ yǐ jīng chéng gōng de tián wán le　jiù gěi zì jǐ dài shàng yī duǒ xiǎo hóng

如果你已经成功地填完了，就给自己戴上一朵小红

huā ba

花吧。

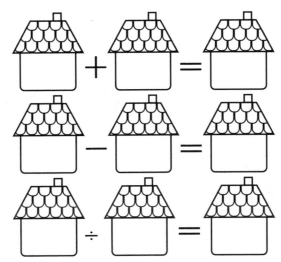

 解题密码

答案不唯一，仅供参考。

5 + 4 = 9　　8 − 7 = 1

6 ÷ 3 = 2

杯子游戏

这天，马小跳到实验室去找轰隆隆老师学魔术，看见轰隆隆老师面前的桌子上摆了10个杯子，左边的5个里面装着水，右边的5个是空的。轰隆隆老师望着这一堆杯子正在发呆。

马小跳立刻兴奋地问："轰隆隆老师，你准备用这些杯子变魔术吗？"

轰隆隆老师摇摇头，说："林老师给我出了道难题，让我把盛水的杯子和空杯子间隔着排列起来，但只

néng dòng liǎng gè bēi zi　nǐ shuō
能动两个杯子，你说

zhè néng zuò dào ma
这能做到吗？"

mǎ xiǎo tiào rào zhe nà
马小跳绕着那

xiē bēi zi zuǒ kàn yòu kàn　zuǒ xiǎng yòu xiǎng　yǒu le zhǔ yi　tā chòng hōng lōng lōng lǎo shī yī
些杯子左看右看，左想右想，有了主意。他冲轰隆隆老师一

xiào　shuō　lǎo shī wǒ zhī dào le　dàn rú guǒ wǒ gào su nǐ dá àn　nǐ děi jiāo huì wǒ
笑，说："老师，我知道了，但如果我告诉你答案，你得教会我

yī gè mó shù
一个魔术。"

méi wèn tí　hōng lōng lōng lǎo shī lā zhe mǎ xiǎo tiào jī le yī xià zhǎng
"没问题！"轰隆隆老师拉着马小跳击了一下掌。

suí hòu　mǎ xiǎo tiào zuǒ dòng yī gè bēi zi　yòu dòng yī gè bēi zi　bù dà yī huì er
随后，马小跳左动一个杯子，右动一个杯子，不大一会儿

jiù wán chéng le
就完成了。

hōng lōng lōng lǎo shī kàn wán mǎ xiǎo tiào de zuò fǎ　yī pāi nǎo dai shuō　āi　wǒ zěn
轰隆隆老师看完马小跳的做法，一拍脑袋说："唉，我怎

me méi xiǎng dào ne
么没想到呢！"

xiǎo péng yǒu　nǐ zhī dào mǎ xiǎo tiào shì zěn me zuò de ma
小朋友，你知道马小跳是怎么做的吗？

解题密码

　　将左边第二个杯子里的水倒在右边第二个杯子（从右向左数第二个）里，将左边第四个杯子里的水倒在右边第四个杯子里（从右向左数第四个），这时就变为从左向右第一个杯子里有水，第二个杯子里没有水……第九个杯子里有水，第十个杯子里没有水。

谁跑得快

马小跳一进家门，吓了宝贝儿妈妈一大跳。原来，马小跳浑身上下都是泥，像个小泥猴。

"你又淘气了吧？"宝贝儿妈妈问他。

"才没有呢！这可是跑步比赛留下的纪念！"马小跳骄傲地对宝贝儿妈妈说。

贪玩老爸一听儿子参加跑步比赛了，忙问："那你的成绩怎么样？跑第一了吗？"

马小跳脖子一扬，说："老爸，这还用问，你太不了解你儿子啦。"

"安琪儿他们的成绩怎么样呀？"贪玩老爸笑呵呵地接着问。

"他们呀，"马小跳拉长声音说，"我们是分组比赛的，三人一组。我是第四组的。第一组牛皮比丁文涛跑得快，而小非洲没丁文涛跑得快；第二组呢，唐飞比毛超跑得慢，张

dá yòu bǐ máo chāo pǎo de kuài   nǚ shēng nà biān   xià lín guǒ bǐ   lù màn màn pǎo de kuài   ān qí
达又比毛超跑得快；女生那边，夏林果比路曼曼跑得快，安琪

ér bǐ lù màn màn pǎo de màn   zhè huí nǐ zhī dào dōu shéi pǎo dì yī le ba
儿比路曼曼跑得慢。这回你知道都谁跑第一了吧？"

yī xià zi tīng mǎ xiǎo tiào shuō le yī dà duī   hái zhēn bǎ tān wán lǎo bà gǎo yūn le   tā
一下子听马小跳说了一大堆，还真把贪玩老爸搞晕了，他

lián lián shuō   tiào tiào wá   nǐ zài shuō yī biàn
连连说："跳跳娃，你再说一遍。"

chóng fù le jǐ cì hòu   mǎ xiǎo tiào bù nài fán le   lì kè zhǎo lái le yī zhāng zhǐ xiě
重复了几次后，马小跳不耐烦了，立刻找来了一张纸写

gěi tān wán lǎo bà   hái shuō le yī jù   lǎo bà   nǐ gāi duàn liàn duàn liàn nǐ de jì yì néng
给贪玩老爸，还说了一句："老爸，你该锻炼锻炼你的记忆能

lì la
力啦！"

xiǎo péng yǒu   gēn jù mǎ xiǎo tiào de huà   nǐ yě lái pàn duàn yī xià měi zǔ de dì yī
小朋友，根据马小跳的话，你也来判断一下每组的第一

míng dōu shì shéi ba
名都是谁吧。

解题密码

第一组，牛皮第一；第二组，张达第一；女生组，夏林果第一。

灯是关着的还是开着的

星期三的晚上，马小跳正在房间里做作业，忽然，灯一下子全灭了。只听宝贝儿妈妈喊道："马小跳，停电啦，别动，妈妈给你送蜡烛去。"

过了一会儿，宝贝儿妈妈小心翼翼地端着一支蜡烛走进来，还顺便按了几次电灯开关，确信是没电了以后，对马小跳说："看来你今天是没办法做作业了。"

马天笑先生也到马小跳的房间看了看，顺便也按了几次电灯开关。

马小跳想睡觉了，可是一想，要是半夜来电，电灯如果开着的话，自己还得起来关灯。于是马小跳决定关了灯再睡。可又一想，麻烦了，宝贝儿妈妈和贪玩老爸每人进来都按了好几次开关，现在已经不知道这灯是开是关了，万一是关着的，我再按一次，不是又给打开了吗？

马小跳仔细回忆了一下，宝贝儿妈妈进来的时候按了2次，爸爸进来一共按了4次，那么现在这个灯一定还是开着的。于是，马小跳又按了一次开关，就美美地爬上床睡觉了。

同学们，你们说，来电以后，马小跳的灯会亮吗？

解题密码

　　原来的灯是亮着的，那么按一次就是关了，再按一次就是开了。以此类推，按单数的时候灯是关着的，按双数的时候，灯就是开着的。所以，马小跳睡前灯是开着的，他按了一次以后灯就被关掉了，来电了灯也不会亮了。

马小跳玩数学 1年级

摆花盆儿

fàng xué de shí hou
放学的时候，

sì dà jīn gāng zhèng zài jiào
"四大金刚"正在教

shì li dǎ sǎo wèi shēng zhè
室里打扫卫生。这

shí ōu yáng xiào zhǎng xiào zhe zǒu
时，欧阳校长笑着走

jìn lái
进来。

ōu yáng xiào zhǎng shuō
欧阳校长说：

míng tiān xué xiào yào zài lǐ
"明天，学校要在礼

táng jǔ xíng yí gè huì yì zhǔ
堂举行一个会议，主

xí tái qián yào bǎi shàng huā er wǒ hái yǒu yí jiàn zhòng yào de shì qing yào bàn jiù qǐng nǐ men
席台前要摆上花儿。我还有一件重要的事情要办，就请你们

bāng wǒ bù zhì ba shuō wán ōu yáng xiào zhǎng jiù zǒu chū le jiào shì rán hòu yòu huí tóu zhǔ
帮我布置吧。"说完，欧阳校长就走出了教室，然后又回头嘱

fù le yí xià wǒ de bàn gōng shì li yǒu pén er huā er nǐ men kě yǐ dōu bǎi shàng
咐了一下："我的办公室里有16盆儿花儿，你们可以都摆上。"

sì dà jīn gāng dǎ sǎo wán jiào shì jiù mǎ bù tíng tí de qù xiào zhǎng bàn gōng shì
"四大金刚"打扫完教室，就马不停蹄地去校长办公室，

bǎ huā er bān dào le lǐ táng li xué xiào lǐ táng de zhǔ xí tái zhēn qì pài a zú yǒu
把花儿搬到了礼堂里。学校礼堂的主席台真气派啊，足有30

mǐ cháng shuō gàn jiù gàn máo chāo cóng zhè biān kāi shǐ bǎi táng fēi cóng nà biān kāi shǐ bǎi mǎ
米长。说干就干，毛超从这边开始摆，唐飞从那边开始摆，马

xiǎo tiào hé zhāng dá fù zé gěi tā men bān huā bǎi wán le mǎ xiǎo tiào zhàn zài yuǎn chù yí kàn
小跳和张达负责给他们搬花。摆完了，马小跳站在远处一看，

花盆儿和花盆儿之间近的近，远的远，一点儿都不好看。

"怎么才能让花盆儿之间的距离相等呢？"马小跳问。

毛超说："用主席台的长度除以花盆儿数，就知道多远摆一盆儿最整齐了。"

唐飞点头表示同意。

马小跳仔细想了想，说："不对，应该用主席台的长度除以15才对。"

毛超低头想了一会儿，挠挠脑袋不好意思地说："我太糊涂了，算错啦。"

"四大金刚"按马小跳的算法，很快就把花盆儿摆整齐了。

聪明的小朋友们，你们知道应该隔多远摆一盆儿花儿吗？

解题密码

一共16盆儿花儿，那么花盆儿和花盆儿之间就有16 - 1即15个间隔。所以，用主席台的长度除以15才是花盆儿与花盆儿间隔的距离，因为主席台长30米，所以间隔距离是30 ÷ 15 = 2（米）。

☆数学嘉年华☆

吃食品，算价钱

期中测试成绩出来了，唐飞的成绩有了突飞猛进的提高，于是他决定请他的好朋友们去吃点儿美食庆祝一下。在快餐店里，唐飞和伙伴们各自点了自己爱吃的食品，可唐飞却算不明白账了。唐飞的兜儿里有1张50元的，1张20元的，2张10元的，3张5元的人民币。唐飞该怎么付款，服务员又该找给他多少钱呢？

¥15.00 元
多层汉堡

¥12.50 元
鸡肉卷

¥6.50 元
饮料

¥4.50 元
蛋挞

¥7.00 元
薯条

¥6.00 元
冰激凌

¥10.50 元
鸡米花

¥12.00 元
单层汉堡

¥8.50 元
烤鸡翅

解题密码

一共要花 89 元,唐飞可以拿一张 50 元的,一张 20 元的,2 张 10 元的付账,服务员应找他 1 元钱。(答案不唯一,仅供参考)

馅儿饼和包子的价钱

^{bǎo bèi er mā ma zǎo chen qǐ lái jiào xǐng le mǎ xiǎo tiào jiù qù chú fáng zuò zǎo fàn le}
宝贝儿妈妈早晨起来,叫醒了马小跳,就去厨房做早饭了。

^{mǎ xiǎo tiào chuān hǎo yī fu gānggāng zuò zài fàn zhuō qián jiù tīng bǎo bèi er mā ma dà jiào}
马小跳穿好衣服刚刚坐在饭桌前,就听宝贝儿妈妈大叫

^{dào āi yā wǒ zhǐ xiǎng zhe zuò zhōu wàng le xià lóu qù mǎi xiàn er bǐng hé bāo zi le zuì}
道:"哎呀,我只想着做粥,忘了下楼去买馅儿饼和包子了。"最

^{jìn wèi le shěng shí jiān zǎo shang bǎo bèi er mā ma zǒng shì}
近,为了省时间,早上宝贝儿妈妈总是

^{xià lóu mǎi xiàn er bǐng hé bāo zi}
下楼买馅儿饼和包子。

^{bǎo bèi er mā ma kàn kan zhōu guō yòu kàn kan mǎ xiǎo}
宝贝儿妈妈看看粥锅,又看看马小

^{tiào shuō tiào tiào wá nǐ lǎo bà hái méi qǐ chuáng ne zhǐ}
跳,说:"跳跳娃,你老爸还没起床呢,只

^{hǎo nǐ xià lóu qù mǎi le}
好你下楼去买了。"

^{mǎ xiǎo tiào tàn le kǒu}
马小跳叹了口

^{qì shuō āi zhēn shì yī}
气,说:"唉,真是一

^{gè cū xīn de mā ma}
个粗心的妈妈。"

^{mā ma de qián bāo li}
"妈妈的钱包里

^{yǒu qián nǐ qù ná ba bǎo}
有钱,你去拿吧。"宝

^{bèi er mā ma shuō dào}
贝儿妈妈说道。

^{lǎo mā xiàn er bǐng}
"老妈,馅儿饼

和包子各是多少钱一个

啊？"马小跳问。

宝贝儿妈妈一边搅着锅

里的粥一边说："我没问过。

只记得有一次我买了1个馅儿饼和1个包子花了5元5角钱。

还有一次，我买了3个馅儿饼和2个包子，花了14元。"

"妈妈，可真被你打败了，你买东西竟然不问价钱！不过

呢，好在你有一个绝顶聪明的儿子。"说完，他在心里快速地

算了算，然后对宝贝儿妈妈说："老妈，哈哈，我知道了。"之后

他问宝贝儿妈妈需要几个包子几个馅儿饼，就拿了正好的钱

飞快地下楼了。

小朋友，你知道1个包子和1个馅儿饼各是多少钱吗？

解题密码

1个包子和1个馅儿饼是5元5角，那么2个包子和2个馅儿饼就是11元。又知道3个馅儿饼和2个包子是14元，那么用14元减去11元，结果就是一个馅儿饼的价钱。这样，每个包子多少钱也就好算了。

分卡片

_{mǎ xiǎo tiào   ān qí ér   xiǎo fēi zhōu fēn kǎ piàn   yào shǐ měi gè rén de kǎ piàn shang de}
马小跳、安琪儿、小非洲分卡片，要使每个人的卡片上的

_{shù de hé yǔ qí tā rén de dōu xiāng tóng   gāi zěn me fēn ne}
数的和与其他人的都相同，该怎么分呢？

解题密码

　　可以 1,2,11,12 一组;3,4,9,10 一组;5,6,7,8 一组。分法可不止这一种呢,快来动脑好好儿想一想,看看你还能不能发现其他的分法。看看谁的分法多。

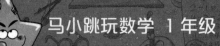
安琪儿的杯盖儿

安琪儿的妈妈给安琪儿买了一个新的卡通陶瓷小水杯，安琪儿喜欢得爱不释手。星期一上学，她把杯子带到学校，摆在了自己的课桌上。

下课的时候，马小跳和毛超打打闹闹地从教室外面进来，一下子撞在了安琪儿的桌子上，撞得小水杯差点儿没整个掉到地上。马小跳用尽力气，只接到了水杯，可杯盖儿滑到地上，摔碎了。

安琪儿一看自己心爱的杯子的盖儿被摔碎了，心疼地哭起来。

马小跳最见不得安琪儿哭了，忙说："安琪儿，对不起，我和毛超赔你还不行吗？"

ān qí ér yī xīn xiǎng zhe zì jǐ de bēi gài er
安琪儿一心想着自己的杯盖儿，
kū gè bù tíng
哭个不停。

mǎ xiǎo tiào xiǎo xīn yì yì de wèn ān qí ér
马小跳小心翼翼地问："安琪儿，
nǐ de bēi zi duō shǎo qián wǒ péi nǐ qián
你的杯子多少钱？我赔你钱。"

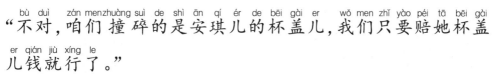

máo chāo yī tīng yào péi qián jiù duì mǎ xiǎo tiào shuō
毛超一听要赔钱，就对马小跳说：
bù duì zán men zhuàng suì de shì ān qí ér de bēi gài er wǒ men zhǐ yào péi tā bēi gài
"不对，咱们撞碎的是安琪儿的杯盖儿，我们只要赔她杯盖
er qián jiù xíng le
儿钱就行了。"

mǎ xiǎo tiào xiǎng le xiǎng jué de máo chāo shuō de yǒu dào lǐ jiù wèn ān qí ér bēi gài
马小跳想了想，觉得毛超说的有道理，就问安琪儿杯盖
er duō shǎo qián
儿多少钱。

ān qí ér cā ca yǎn lèi shuō wǒ yào huí jiā wèn wen mā ma cái zhī dào
安琪儿擦擦眼泪说："我要回家问问妈妈才知道。"

dì èr tiān ān qí ér gào su mǎ xiǎo tiào shuō bēi zi hé bēi gài er yī gòng shì
第二天，安琪儿告诉马小跳说："杯子和杯盖儿一共是20
yuán qián bēi zi bǐ bēi gài er guì yuán qián
元钱，杯子比杯盖儿贵10元钱。"

máo chāo yī tīng shuō péi qián zhī qián hái děi zì jǐ suàn qián shù zhēn má fan
毛超一听，说："赔钱之前还得自己算钱数，真麻烦！"

mǎ xiǎo tiào què shuō bù má fan zán liǎ yī rén péi yuán jiǎo qián jiù kě yǐ la
马小跳却说："不麻烦，咱俩一人赔2元5角钱就可以啦。"

解题密码

杯子和杯盖儿一共20元，用20元减去杯子比杯盖儿贵的10元钱，剩下的钱除以2就是杯盖儿的钱数了。

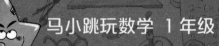

谁对谁错

马小跳和安琪儿因为一道数学题争论起来。安琪儿认为自己说得对，马小跳也不承认自己算错了。这道题是这样的：如果伐木工人把一棵大树锯成2段需要2分钟，那么，伐木工人要把这棵大树锯成3段，需要几分钟？

马小跳说，伐木工人需要3分钟；可安琪儿却说，3分钟不够，得4分钟。他俩谁也说服不了谁，最后决定一起去问

shù xué lǎo shī
数学老师。

shù xué lǎo shī kàn kan liǎng gè
数学老师看看两个

zhēng de miànhóng ěr chì de hái zi   ná
争得面红耳赤的孩子，拿

qǐ yī zhī fěn bǐ   xiào zhe wèn   rú
起一支粉笔，笑着问："如

guǒ bǎ zhè zhī fěn bǐ zhé chéng liǎng jié
果把这支粉笔折成 两截

xū yào zhé jǐ cì ne
需要折几次呢？"

mǎ xiǎo tiào xiǎng le yī huì er   bù hǎo yì si de duì shù xué lǎo shī hé ān qí ér
马小跳想了一会儿，不好意思地对数学老师和安琪儿

shuō   zhè cì shì wǒ suàn cuò la
说："这次是我算错啦。"

xiǎo péng yǒu   nǐ zhī dào wèi shén me mǎ xiǎo tiào suàn cuò le ma
小朋友，你知道为什么马小跳算错了吗？

解题密码

看看下面的图就明白了。锯成2段，只需要锯1次，需要的时间是2分钟。锯成3段，需要锯2次，所以需要的时间就是4分钟。

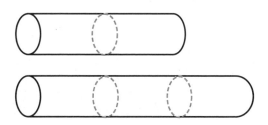

几个角

自从看了《变形金刚》以后，马小跳就对变形金刚模型爱不释手。这天美术课上，马小跳又忍不住偷偷地拿出"擎天柱"摆弄起来，结果被林老师发现，当场没收了。

下课后，马小跳乖乖儿地向林老师认错，希望能快点儿要回"擎天柱"。

林老师想了想，对马小跳说："其实玩儿玩具也能锻炼人的思维能力，可你不能在上课时玩儿呀。这样吧，如果你能答对我的问题，我就把它还给你。"

马小跳听完，连连点头。

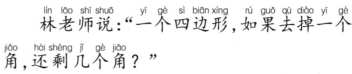

林老师说："一个四边形，如果去掉一个角，还剩几个角？"

马小跳想都没想就回答说："3个角！"

林老师又问："还有别的可能吗？"

马小跳摇摇头。

"那好，你今天回家好好儿想想，明天再

来找我吧。"林老师说。

马小跳回家想了一夜，第二天一到学校就去找林老师，说："老师，我知道了，四边形去掉一个角，还剩 3 个角或者 5 个角。"

林老师问："还有吗？"

马小跳摇了摇头。

"那你今天回家再想想，明天再来找我吧。"林老师说。

马小跳晕了："难道我说的答案不对吗？"

 解题密码

按下面的切法，可以分别得到 5 个角、4 个角、3 个角。

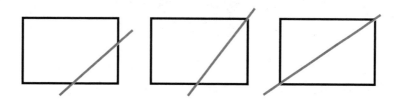

卡片的问题

zhōu wǔ fàng xué shí　　niú pí yāo qǐng mǎ xiǎo tiào hé ān qí ér běn zhōu rì yī qǐ dào tā
周五放学时，牛皮邀请马小跳和安琪儿本周日一起到他
jiā wán er
家玩儿。

xīng qī tiān de shàng wǔ　　mǎ xiǎo tiào hé ān qí ér rú yuē lái dào niú pí jiā　　àn le
星期天的上午，马小跳和安琪儿如约来到牛皮家，按了
bàn tiān mén líng　　niú pí cái lái kāi mén　　niú pí bù hǎo yì si de duì mǎ xiǎo tiào hé ān qí
半天门铃，牛皮才来开门。牛皮不好意思地对马小跳和安琪
ér shuō　　　dōu guài wǒ gāng cái bǎi kǎ piàn bǎi de tài rù shén le　　jìng rán méi yǒu tīng dào mén
儿说："都怪我刚才摆卡片摆得太入神了，竟然没有听到门
líng shēng
铃声。"

mǎ xiǎo tiào
马小跳
hé ān qí ér lái
和安琪儿来
dào niú pí de fáng
到牛皮的房
jiān　　kàn dào zhuō zi
间，看到桌子
shang bǎi zhe　　zhāng
上摆着 5 张
kǎ piàn　　shàngmiàn fēn
卡片，上面分
bié xiě zhe
别写着 4，5，
6，+，=。

mǎ xiǎo tiào wèn niú pí　　zhè xiē jiù shì nǐ gāng cái bǎi de kǎ piàn ba
马小跳问牛皮："这些就是你刚才摆的卡片吧？"

牛皮回答说:"是啊。我想把这5张卡片摆成一个等式,可是尝试了许多方法都不行。"

马小跳一听,马上自告奋勇地说:"这还不容易,不就是几张卡片嘛,我帮你摆。"说着就摆了起来,可是摆了半天怎么也没摆成。

最后,马小跳有点儿气愤地说:"这不可能!这个等式永远也摆不成!你看,4+5,4+6,5+6都超过了最大的数6。"

安琪儿看看桌子上的卡片,又看看马小跳和牛皮说:"我能摆成!"说完,果真就在桌子上摆成了一个等式。

这下,牛皮更觉得安琪儿了不起了。马小跳一看,直说自己"聪明反被聪明误"。

小朋友,你知道安琪儿是怎么摆的吗?

解题密码

原来,安琪儿把写着6的卡片倒过来,就成了9,这样就可以摆成等式了。

数窗格

mǎ xiǎo tiào de yé ye hé nǎi nai lái mǎ xiǎo tiào jiā le　wǎn fàn de shí hou　yī
马小跳的爷爷和奶奶来马小跳家了。晚饭的时候，一

jiā rén zuò zài yī qǐ hǎo rè nao ya　mǎ xiǎo tiào de nǎi nai yī gè jìn er de gěi sūn zi
家人坐在一起好热闹呀。马小跳的奶奶一个劲儿地给孙子

jiā jī chì chī　yé ye zé guān
夹鸡翅吃，爷爷则关

xīn de wèn dào　tiào tiào wá
心地问道："跳跳娃，

nǐ zài xué xiào de biǎo xiàn zěn
你在学校的表现怎

me yàng ya　chéng jì hǎo bu
么样呀？成绩好不

hǎo a
好啊？"

mǎ tiān xiào xiān sheng gǎn
马天笑先生赶

mángshuō　guāng zhī dào táo qì
忙说："光知道淘气，

xué xí bù yòng gōng
学习不用功。"

mǎ xiǎo tiào lì kè jiǎo biàn
马小跳立刻狡辩

dào　wǒ kě cōng míng zhe ne
道："我可聪明着呢，

zhǐ yào wǒ rèn zhēn xué xí　kěn
只要我认真学习，肯

dìng néng dé　fēn
定能得100分！"

yé ye xiào zhe shuō　cōng
爷爷笑着说："聪

míng bù cōngmíng   kě bù néngguāng kào zuǐ shuō   yào
明不聪明，可不能 光靠嘴说，要

bù wǒ xiān kǎo kao nǐ de yǎn lì ba
不我先考考你的眼力吧。"

　　mǎ xiǎo tiào zì xìn de shuō   méi wèn tí
马小跳自信地说："没问题，

kǎo jiù kǎo
考就考！"

　　yé ye shuō   nà nǐ kàn kan zán men jiā
爷爷说："那你看看咱们家

wò shì de nà shàn chuāng hu shang yǒu duō shǎo gè zhèng fāng xíng ba
卧室的那扇 窗户上有多少个正方形吧。"

　　mǎ xiǎo tiào yī kàn   zhè jiào shén me kǎo yǎn lì a   zhè me jiǎn dān   tā zhāng kǒu jiù
马小跳一看，这叫什么考眼力啊，这么简单，他张口就

shuō   gè
说："6个。"

　　mǎ xiǎo tiào de huà yīn gāng luò   yé ye   nǎi nai   hái yǒu mǎ tiān xiào xiān sheng hé bǎo bèi
马小跳的话音刚落，爷爷、奶奶，还有马天笑先生和宝贝

er mā ma jiù dōu xiào le qǐ lái   xiào de mǎ xiǎo tiào zhàng èr hé shang mō bù zháo tóu nǎo   tā
儿妈妈就都笑了起来，笑得马小跳丈二和尚摸不着头脑。他

chǒu le chǒu chuāng hu   xīn li xiǎng   nán dào wǒ suàn cuò le ma
瞅了瞅 窗户，心里想："难道我算错了吗？"

　　cōng míng de xiǎo péng yǒu   nǐ zhī dào mǎ xiǎo tiào de yé ye nǎi nai   bà ba mā ma zài
聪明的小朋友，你知道马小跳的爷爷奶奶、爸爸妈妈在

xiào shén me ma   mǎ xiǎo tiào shǔ duì le ma
笑什么吗？马小跳数对了吗？

 解题密码

　　小的正方形有6个，可是4个小的正方形又能拼成一个大的正方形，马小跳家的这扇窗户可拼成2个大正方形，所以一共有8个正方形。

河马大叔吹牛

马天笑先生的小学同学河马大叔约马天笑先生一家去钓鱼。这可乐坏了马小跳，他对钓鱼不感兴趣，但是他喜欢玩儿水。这么热的天，下水玩儿多凉快呀。

他们开车来到一条很宽的河边，马天笑先生和河马大叔一会儿就架起了鱼竿，开始钓鱼。

马小跳看河水那么清澈，就要跳进河里洗个澡。这时，宝贝儿妈妈一下子拦住了他，告诉他说：“你不会游泳，不能下水玩儿！”

在一旁钓鱼的河马大叔听了，对马小跳说：“没事，你不会游泳，我会，你要是溺水了，我救你。”

马天笑先生听了，哈哈大笑着说：“马小跳，

你可别听你河马叔叔的话，他呀，就爱吹牛！你还是在岸上玩儿一会儿吧。”

河马大叔听了，夸口道：“我说马天笑，你别看这河面这么宽，

zhī dào ma   wǒ yī shàng wǔ néng héng dù
知道吗，我一上午能横渡5

cì ne
次呢！"

　　mǎ tiān xiào xiān sheng wèn　　yóu wán
马天笑先生问："游完

nǐ jiù huí jiā le
你就回家了？"

　　dāng rán le　zhè xià nǐ fú qì
"当然了！这下你服气

le ba　　hé mǎ dà shū zì háo de shuō
了吧？"河马大叔自豪地说。

　　mǎ tiān xiào xiān sheng xiào de gèng huān
马天笑先生笑得更欢

le shuō　nǐ kě zhēn néng chuī niú　dōu
了，说："你可真能吹牛！都

lòu xiàn er le
露馅儿了！"

　　suí hòu　mǎ tiān xiào xiān sheng xiào zhe jiē chuān le hé mǎ dà shū de huǎng huà　miàn duì
随后，马天笑先生笑着揭穿了河马大叔的谎话。面对

zhèng jù　hé mǎ dà shū zhǐ dé guāi guāi er de chéng rèn zì jǐ chuī niú le
证据，河马大叔只得乖乖儿地承认自己吹牛了。

　　xiǎo péng yǒu　nǐ zhī dào mǎ tiān xiào xiān sheng shì zěn me pàn duàn chū hé mǎ dà shū chuī niú
小朋友，你知道马天笑先生是怎么判断出河马大叔吹牛

de ma
的吗？

 解题密码

　　如果河马大叔横渡了那条河5次，他最后一次上岸应该是在河的对岸，那他怎么可能游完就回家呢？所以河马大叔一定是在吹牛。

几条路线

牛皮要去游乐园玩儿，可他不熟悉路线，不知道该怎么走。马小跳买了一张本市地图，给牛皮讲解行进路线。

可是牛皮来这座城市的时间太短了，面对花花绿绿的地图，他还是直摇头。

"有了，这么办！"马小跳来了主意。他拿着笔在纸上把牛皮要经过的标志性建筑都画了下来，然后把这些建筑之间相通的道路标了出来。

"给，看这个。"画完后，马小跳把纸递给了牛皮，"一定要看好，要不然你就有可能走冤枉路。"马小跳补充说。

"什么叫冤枉路？"牛皮以前没听过这个词。

"哎呀，冤枉路就是本来不必走而多走的路。比如说你从家出来，走到超市，再到学校，又走到幼儿园，再经商场到游乐园就是走了冤枉路。"

"那我一共有几条路线可以走呢？"面对马小跳画的地图，牛皮琢磨开了。

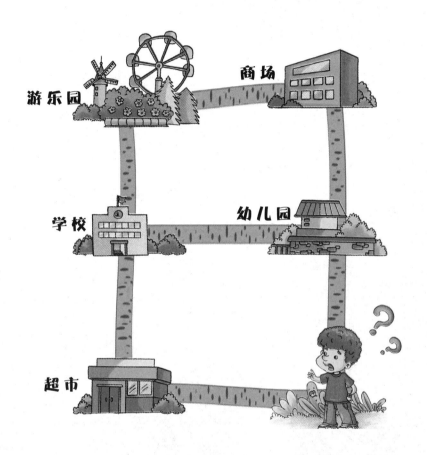

解题密码

下面即是牛皮从家到游乐园的可选路线：

A.牛皮家—超市—学校—游乐园

B.牛皮家—幼儿园—学校—游乐园

C.牛皮家—幼儿园—商场—游乐园

巧法烙饼

马小跳在上学的路上，路过一家闻名全国的饼店。他看到 3 位顾客正在焦急地和饼店的老板商量是否可以快点儿给他们烙 3 张饼："我们着急赶火车啊，最多能等 16 分钟。可好不容易来一次，不尝尝这饼也太可惜了。"

老板想了想，为难地摇摇头说："我烙熟一张饼，两面各需要 5 分钟，一口锅最多能同时放 2 张饼，烙熟 3 张饼最快也得 20 分钟。"

马小跳是天生的热心肠，听到这里他不禁为那 3 位客

rén zháo jí qǐ lái   jí zhōngshēng zhì tā tū
人着急起来。急中生智，他突

rán xiǎng dào le yī gè néng gòu jié shěng shí jiān
然想到了一个能够节省时间

de bàn fǎ yú shì tā lián máng còu guò qù
的办法，于是，他连忙凑过去

chā huà shuō   lǎo bǎn wǒ yǒu bàn fǎ ràng zhè
插话说："老板，我有办法让这

wèi kè rén jì néng chī shàng bǐng yòu lái de
3 位客人既能吃上饼，又来得

jí shàng huǒ chē
及上火车。"

　　zhēn de ma   wèi kè rén jiā shàng lǎo bǎn   shuāng yǎn jing yī qí dīng zhe mǎ xiǎo
　　"真的吗？"3 位客人加上老板，4 双眼睛一齐盯着马小

tiào dà shēng wèn
跳大声问。

　　nà dāng rán   kě yǐ zhè yàng
　　"那当然。可以这样……"

　　mǎ xiǎo tiào shuō wán lǎo bǎn bù yóu de shù qǐ dà mǔ zhǐ   kuā mǎ xiǎo tiào shuō   hǎo
　　马小跳说完，老板不由得竖起大拇指，夸马小跳说："好

cōng míng de hái zi
聪明的孩子！"

　　xiǎo péng yǒu   nǐ zhī dào mǎ xiǎo tiào de bàn fǎ shì zěn yàng de ma
　　小朋友，你知道马小跳的办法是怎样的吗？

解题密码

　　每种颜色的两个圆分别代表一张饼的两面，看看下图，你就能明白马小
跳说的方法了。

马小跳玩数学 1 年级

练习本的价钱

jīn tiān fàng xué huí dào jiā mǎ xiǎo tiào hé xiǎo
今天放学回到家，马小跳和小

fēi zhōu liǎng gè rén fān le fān shū bāo bù yuē ér tóng
非洲两个人翻了翻书包，不约而同

de shuō yā liàn xí běn yòng wán le zuò yè méi bàn
地说："呀，练习本用完了，作业没办

fǎ zuò le！ yú shì tā liǎ gēn bǎo bèi er mā ma
法做了！"于是他俩跟宝贝儿妈妈

dǎ le gè zhāo hu jiù xià lóu qù mǎi liàn xí běn le
打了个招呼就下楼去买练习本了。

mǎ xiǎo tiào hé xiǎo fēi zhōu fēng fēng huǒ huǒ de pǎo
马小跳和小非洲风风火火地跑

xià le lóu bù yī huì er yòu dōu chuí tóu sàng qì de
下了楼，不一会儿，又都垂头丧气地

shàng le lóu
上了楼。

bǎo bèi er mā ma
宝贝儿妈妈

kàn dào liǎng gè rén de yàng
看到两个人的样

zi gǎn máng wèn： liàn
子，赶忙问："练

xí běn mǎi dào le ma
习本买到了吗？

zěn me chuí tóu sàng qì de
怎么垂头丧气地

huí lái le ya
回来了呀？"

mǎ xiǎo tiào hé xiǎo
马小跳和小

fēi zhōu hù xiāng kàn le kàn　bù yuē ér tóng de shuō
非洲互相看了看，不约而同地说：

āi　méi mǎi chéng
"唉，没买成！"

bǎo bèi er mā ma zhǎ le zhǎ yǎn jing　qí guài de
宝贝儿妈妈眨了眨眼睛，奇怪地

wèn　lóu xià de chāo shì bù mài liàn xí běn ma
问："楼下的超市不卖练习本吗？"

mǎ xiǎo tiào dū zhe zuǐ shuō　mài shì mài　kě shì
马小跳嘟着嘴说："卖是卖，可是

zhǎng jià le　wǒ men dài de qián dōu bù gòu
涨价了，我们带的钱都不够。"

bǎo bèi er mā ma wèn liàn xí běn duō shǎo qián yī běn
宝贝儿妈妈问练习本多少钱一本。

mǎ xiǎo tiào shuō　wǒ mǎi yī běn chà　yuán　jiǎo qián
马小跳说："我买一本差1元5角钱。"

xiǎo fēi zhōu shuō　wǒ mǎi yī běn chà　jiǎo qián　jiù shì bǎ wǒ liǎ de qián jiā zài yī
小非洲说："我买一本差1角钱，就是把我俩的钱加在一

qǐ　hái shì bù gòu mǎi yī běn de
起，还是不够买一本的！"

bǎo bèi er mā ma qiáo qiao mǎ xiǎo tiào　yòu chǒu chou xiǎo fēi zhōu　xiǎng le bàn tiān　huǎng rán
宝贝儿妈妈瞧瞧马小跳，又瞅瞅小非洲，想了半天，恍然

dà wù de shuō　yuán lái yī běn liàn xí běn　yuán　jiǎo qián ya
大悟地说："原来一本练习本1元5角钱呀！"

解题密码

　　小非洲缺1角钱，他的钱和马小跳的加在一起仍然不够，而现在流通的人民币最小的币值是1角钱，说明马小跳根本就没带钱下楼。马小跳买一本练习本缺1元5角，也就是一本练习本1元5角钱。

有趣的火柴棒算式

xiǎo fēi zhōu huì yòng huǒ chái bàng bǎi hǎo kàn de tú àn　mǎ xiǎo
小非洲会用火柴棒摆好看的图案，马小

tiào yě xué le jǐ zhāo　bù guò tā zhǐ huì yòng huǒ chái bàng bǎi chū yī
跳也学了几招，不过他只会用火柴棒摆出一

xiē shù xué suàn shì　kě shì tā shì suí xīn suǒ yù bǎi de　suǒ yǐ
些数学算式，可是他是随心所欲摆的，所以，

bǎi chū lái de suàn shì dōu bù zhèng què
摆出来的算式都不正确。

xiǎo fēi zhōu kàn le kàn　duì mǎ xiǎo tiào shuō　bǎi chū cuò wù
小非洲看了看，对马小跳说："摆出错误

de suàn shì bù suàn běn shi　wǒ zhǐ yào yí dòng yī gēn huǒ chái bàng
的算式不算本事，我只要移动一根火柴棒，

jiù néng ràng nǐ bǎi de cuò wù suàn shì biàn chéng zhèng què de　tīng
就能让你摆的错误算式变成 正确的。"听

le zhè huà　mǎ xiǎo tiào chǒu le chǒu zì jǐ
了这话，马小跳瞅了瞅自己

bǎi de suàn shì　shuō　wǒ bù xiāng xìn　chú
摆的算式，说："我不相信，除

fēi nǐ dāng zhe wǒ de miàn er
非你当着我的面儿

yí　　xiǎo fēi zhōu cái bù pà
移。"小非洲才不怕

ne　yí jiù yí　guǒ rán　tā
呢，移就移，果然，他

zhǐ yí dòng le　yī gēn huǒ chái
只移动了一根火柴

bàng　jiù ràng suàn shì biàn chéng
棒，就让算式变成

zhèng què de le　zhè huí mǎ xiǎo
正确的了。这回马小

tiào bù dé bù fú qì le　　xiǎopéngyǒu　　nǐ　zhī dào xiǎo fēi zhōu shì zěn me　yí dòng de ma
跳不得不服气了。小朋友，你知道小非洲是怎么移动的吗？

mǎ xiǎo tiào bǎi de cuò wù suàn shì
马小跳摆的错误算式：

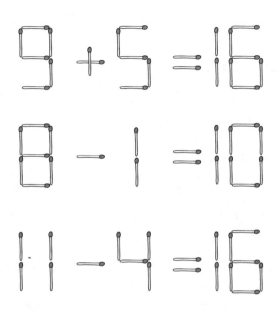

解题密码

☆数学嘉年华☆

动一动，变变看

简单地移动几根火柴，图案就变了样儿。小朋友，你能把"四大金刚"摆的图案变一变吗？

你能只移动两根火柴，让房子改变方向吗？

你有办法只移动3根火柴，就让小鱼掉转方向游吗？

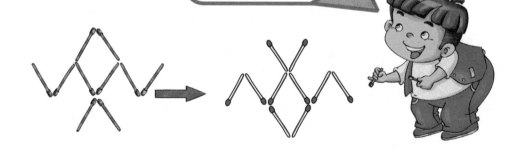

你能只移动两根火柴，让椅子正立过来吗？

你能只移动4根火柴，让两个大小不等的正方形变成两个相等的正方形吗？

解题密码

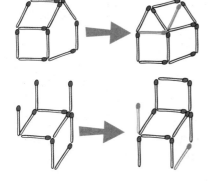

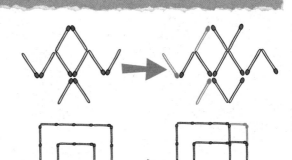

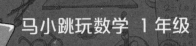

马小跳玩数学 1 年级

数水果

yī tiān　mǎ tiān xiào xiān shēng xià bān huí jiā dài huí lái
一天，马天笑先生下班回家带回来

yī hé shuǐ guǒ　zhè kě chán huài le mǎ xiǎo tiào　tā shēn shǒu
一盒水果，这可馋坏了马小跳，他伸手

jiù xiǎng ná chū yī gè lái chī　què bèi mǎ tiān xiào xiān shēng gěi
就想拿出一个来吃，却被马天笑先生给

lán zhù le　mǎ tiān xiào xiān shēng xiào mī mī de shuō dào　zhè
拦住了。马天笑先生笑眯眯地说道："这

kě shì péng you yuǎn dào mǎi huí lái sòng wǒ de　nǎ néng nà me
可是朋友远道买回来送我的，哪能那么

róng yì jiù chī dào　rú guǒ nǐ néng hěn kuài shuō chū shuǐ guǒ hé
容易就吃到。如果你能很快说出水果盒

li yǒu duō shǎo zhǒng shuǐ guǒ　měi zhǒng shuǐ guǒ yǒu duō shǎo gè
里有多少种水果，每种水果有多少个，

jiù kě yǐ chī
就可以吃。"

mǎ xiǎo tiào yǎn
马小跳眼

jīng kàn zhe shuǐ guǒ hé
睛看着水果盒，

xīn li xiǎng zhe lǎo bà
心里想着老爸

tí de wèn tí　zěn
提的问题。"怎

me mǎn nǎo zi zhuàn de
么满脑子转的

dōu shì píng guǒ　lí
都是苹果、梨

a　bù xíng　děi hǎo
啊？不行，得好

hǎo er kàn kan zhè xiē shuǐ guǒ de pái liè shì fǒu yǒu
好儿看看这些水果的排列是否有

guī lǜ　　mǎ xiǎo tiào nǔ lì yàn le yàn kǒu shuǐ
规律。马小跳努力咽了咽口水，

yòu zǐ xì kàn le kàn shuǐ guǒ hé　hěn kuài jiù shǔ
又仔细看了看水果盒，很快就数

le chū lái　bìng chī dào le xiān měi de shuǐ guǒ
了出来，并吃到了鲜美的水果。

xià miàn jiù shì nà hé shuǐ guǒ de yàng zi
　　下面就是那盒水果的样子，

xiǎo péng yǒu　　nǐ néng xiàng mǎ xiǎo tiào yī yàng kuài sù de shǔ chū lái ma
小朋友，你能像马小跳一样快速地数出来吗？

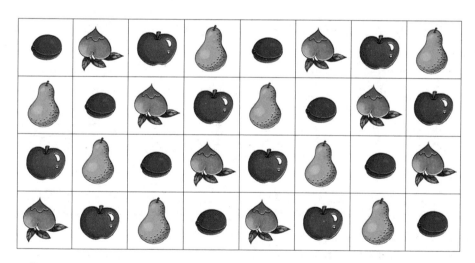

解题密码

　　首先要找到排列的规律：每一列都有4种水果，每种水果有1个。这盒水
果共有8列，所以李子、梨、苹果和水蜜桃各有8个。

跷跷板

"四大金刚"在公园里闲逛。他们东走走，西走走，突然看到了跷跷板。

张达捅捅马小跳："马小跳，要不要玩……玩儿这个？"

"我才不玩儿小孩子玩儿的玩意儿呢，上幼儿园的小朋友才玩儿这个。"

"重温一下童年也不错嘛。我先来。"唐飞有点儿走累了，说完，一屁股坐在了跷跷板的东边儿。

"我坐这边儿。"张达坐在了跷跷板的西边儿。

他们两个人一会儿你在上面，一会儿我在上面，玩儿得开心极了。

"我给你俩照张相吧。"毛超掏出数码相机，咔嚓一声给他俩照了一张相。

看到张达和唐飞玩儿得那么开心，马小跳眼馋了，他对唐飞说："我也想玩儿一会儿。"唐飞说："你刚才还说不玩儿呢，现在想玩儿也没有你的位置！"张达见了，大方地说："坐

wǒ zhè biān ba
我这边吧。"

mǎ xiǎo tiào gāng zuò xià　 máochāo kā chā yī shēng gěi mǎ xiǎo tiào hé táng fēi yě zhào le yī
马小跳刚坐下，毛超咔嚓一声给马小跳和唐飞也照了一

zhāngxiàng
张相。

jiù zhè yàng　 sì dà jīn gāng　 lún liú zài qiāo qiāo bǎn shàng tǐ yàn le yī bǎ　 měi cì
就这样，"四大金刚"轮流在跷跷板上体验了一把，每次

dōu zhào le yī zhāng xiàng
都照了一张相。

wǎn shang　 máo chāo de bà ba kàn dào shù mǎ xiàng jī li de xiàngpiàn hòu shuō　 máochāo
晚上，毛超的爸爸看到数码相机里的相片后说："毛超，

nǐ děi zēng féi le　 nǐ kàn　 nǐ shì zhè lǐ miàn tǐ zhòng zuì qīng de
你得增肥了，你看，你是这里面体重最轻的。"

bà ba　 nǐ shì zěn me zhī dào de
"爸爸，你是怎么知道的？

nǐ kě cóng méi jiàn guò tā men jǐ gè ya
你可从没见过他们几个呀！"

nǐ kàn kan zhè jǐ zhāng xiàng piàn　 jiù
"你看看这几张相片就

zhī dào le　 máochāo de bà ba zhǐ zhe
知道了。"毛超的爸爸指着

sì dà jīn gāng　 wán er qiāoqiāo bǎn shí zhào de
"四大金刚"玩儿跷跷板时照的

xiàngpiànshuō
相片说。

解题密码

要想知道毛超的爸爸是如何根据相片判断毛超是"四大金刚"中体重最轻的，首先要明白，跷跷板两边的人，谁重谁的那边就低。这样由上图我们就可以知道：唐飞的体重 > 张达的体重 > 马小跳的体重 > 毛超的体重。

锯木头

_{jià qī li tángfēi qù xiāng xià kàn wàng tā de yé ye hé nǎi}
假期里，唐飞去乡下看望他的爷爷和奶

_{nai yī jìn yé ye nǎi nai jiā de yuàn zi jiù jiàn yé ye zài dīng dīng}
奶，一进爷爷奶奶家的院子，就见爷爷在叮叮

_{dāng dāng de qiāo gè bù tíng yé ye jiàn tángfēi lái le mángzhāo hu táng}
当当地敲个不停。爷爷见唐飞来了，忙招呼唐

_{fēi shuō tángfēi nǐ lái de zhènghǎo kuài lái bāng yé ye}
飞说："唐飞，你来得正好，快来帮爷爷

_{zuò yī gè xiǎo dèng zi}
做一个小凳子。"

_{tángfēi kàn dào dèng zi miàn yǐ jīng zuò hǎo le hái chà}
唐飞看到凳子面已经做好了，还差

_{tiáo dèng zi tuǐ er méi zuò}
4条凳子腿儿没做。

_{yòng shén me zuò dèng zi tuǐ er}
"用什么做凳子腿儿

_{ne yé ye biān shuō biān zài yuàn zi li}
呢？"爷爷边说边在院子里

_{zhǎo cái liào hū rán tā fā xiàn le yī gēn}
找材料，忽然，他发现了一根

_{mǐ cháng de yuán mù gùn zhènghǎo shì hé}
2米长的圆木棍，正好适合

_{zuò gè bàn mǐ gāo de dèng}
做4个半米高的凳

_{zi tuǐ er bù guò yé}
子腿儿。不过，爷

_{ye yǒu diǎn er wéi nán}
爷有点儿为难：

_{jiā li de jù huài le}
"家里的锯坏了，

zěn me bǎ yuán mù gùn jù duàn ne
怎么把圆木棍锯断呢？”

nǎi nai shuō qù cūn li de mù jiàng jiā jù
奶奶说："去村里的木匠家锯

ba bù guò jù duàn yī cì yào shōu yuán qián
吧，不过锯断一次，要收1元钱。"

yé ye bǎ táng fēi jiào guò lái duì tā shuō
爷爷把唐飞叫过来，对他说：

hǎo sūn zi nǐ bāng yé ye bǎ zhè gēn yuán mù tou
"好孙子，你帮爷爷把这根圆木头

ná dào cūn tóu de mù jiàng jiā jù chéng duàn tā
拿到村头的木匠家锯成4段。他

měi jù duàn yī cì yào shōu yuán qián nǐ suànsuan xū yào dài jǐ yuán qián
每锯断一次要收1元钱，你算算需要带几元钱。"

táng fēi xiǎng dōu méi xiǎng jiù shuō gěi wǒ dài yuán qián ba yīn wèi yào jù chéng tiáo
唐飞想都没想就说："给我带4元钱吧，因为要锯成4条

dèng zi tuǐ er ma
凳子腿儿嘛。"

yé ye gù yì jīng yà de wèn táng fēi táng fēi nǐ shuō yī gēn mù tou jù chéng duàn
爷爷故意惊讶地问唐飞："唐飞，你说一根木头锯成4段，

yào jù jǐ cì
要锯几次？"

zhè xià táng fēi zhǐ hǎo rú shí jiāo dài le rén jia bù guò shì xiǎng duō yào yuán qián mǎi
这下唐飞只好如实交代了："人家不过是想多要1元钱买

gēn xuě gāo ma méi xiǎng dào ràng nín gěi jiē chuān le
根雪糕嘛，没想到让您给揭穿了。"

xiǎo péng yǒu nǐ zhī dào yé ye shì zěn me zhī dào táng fēi duō yào le yuán qián de ma
小朋友，你知道爷爷是怎么知道唐飞多要了1元钱的吗？

解题密码

将一根圆木头锯成4段，其实只需要锯3次，所以3元钱就够了。

有趣的人民币组合

zhèng zài zuò fàn de bǎo bèi er mā ma tū rán fā xiàn jiā li méi yǒu yán le jiù ràng mǎ
正在做饭的宝贝儿妈妈突然发现家里没有盐了，就让马

xiǎo tiào xià lóu qù mǎi yī dài yán
小跳下楼去买一袋盐。

yán duō shǎo qián yī dài ya mǎ xiǎo tiào biān huàn xié biān wèn
"盐多少钱一袋呀？"马小跳边换鞋边问。

yuán jiǎo yī dài qián zài wǒ de qián bāo li nǐ zì jǐ ná ba bǎo bèi er
"2元6角一袋。钱在我的钱包里，你自己拿吧。"宝贝儿

mā ma yī biān zài chú fáng máng zhe yī biān duì mǎ xiǎo tiào shuō
妈妈一边在厨房忙着，一边对马小跳说。

ài mā ma de qián bāo li quán shì yuán de zhǎo qǐ qián lái tài má fan hái shì
"唉，妈妈的钱包里全是100元的，找起钱来太麻烦，还是

cóng wǒ de zhū dù zi li kōu ba méi xiǎng dào mǎ xiǎo tiào zhè cì jìng rán dà fang qǐ lái
从我的"猪肚子"里抠吧。"没想到，马小跳这次竟然大方起来

le tā pěng zhe zì jǐ de zhū xíng chǔ xù guàn er shǐ jìn er dào le dào cóng lǐ miàn bèng chū
了。他捧着自己的猪形储蓄罐儿使劲儿倒了倒，从里面蹦出

le zhāng yuán de zhǐ bì méi jiǎo de yìng bì hái yǒu
了3张1元的纸币，4枚5角的硬币，还有

méi jiǎo de yìng bì kàn zhe miàn qián de qián bì mǎ xiǎo
6枚1角的硬币。看着面前的钱币，马小

tiào yǒu diǎn er hú tu le
跳有点儿糊涂了。

xiǎo péng yǒu yán shì yuán jiǎo yī
小朋友，盐是2元6角一

dài nǐ néng gào su mǎ xiǎo tiào mǎi dài
袋，你能告诉马小跳买1袋

yán kě yǐ zěn me ná qián ma
盐可以怎么拿钱吗？

解题密码

拿法见下表:

1元纸币	5角硬币	1角硬币
2张	1枚	1枚
2张		6枚
1张	2枚	6枚
1张	3枚	1枚
	4枚	6枚

贴邮票

马小跳从来没写过信。今天的语文课上，秦老师讲了一个关于信的故事。马小跳听了以后，就突发奇想要写一封信。

可是写给谁呢？那就写给自己吧。想象着自己写的信，从邮筒里到邮局转了一圈，最后又回到自己手里，那该多有趣啊。

信写好后，马小跳就拿着信去邮局了。邮局的阿姨说："小同学，你要邮信，得

先买邮票。你的信需要1元钱的邮

票，可是刚好我们1元面值的邮票

卖完了，只剩下5角、2角和1角三

种面值的邮票，你可以多买几张，

凑成1元的，一样可以把信邮出

去。"阿姨笑了笑，接着说，"有好多

种选择邮票的方法呢，你要怎么选择呢？"

马小跳想了想，然后买了一大把邮票，把信封贴得花花

绿绿的，之后寄了出去。

小朋友，马小跳可以有多少种贴法呢？如果你是马小

跳，你会怎样选择呢？

解题密码

可以全部贴同一种面值的，可以贴5角和1角面值的，可以贴5角、1角和2角面值的，还可以贴2角和1角面值的。具体贴法如下：

①2张5角的；②5张2角的；③10张1角的；④1张5角的，5张1角的；⑤1张5角的，2张2角的，1张1角的；⑥1张5角的，1张2角的，3张1角的；⑦1张2角的，8张1角的；⑧2张2角的，6张1角的；⑨3张2角的，4张1角的；⑩4张2角的，2张1角的。

巧填转盘数（1）

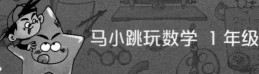

mǎ xiǎo tiào zuì jìn mí shàng le yī zhǒng shù xué yóu
马小跳最近迷上了一种数学游

xì　　　zhuàn pán tián shù　　　zhè shì yī zhǒng shén me yàng
戏——"转盘填数"。这是一种什么样

de yóu xì ne
的游戏呢？

yuán lái　　zhuàn pán shang yǒu jǐ gè gé　　měi gè gé li
原来，转盘上有几个格，每个格里

dōu yīng gāi yǒu yī gè shù　　kě shì piān piān yǒu yī gè gé li
都应该有一个数，可是偏偏有一个格里

gěi de shì wèn hào　　wán er zhě yīng gēn jù gěi chū de shù lái
给的是问号，玩儿者应根据给出的数来

cāi wèn hào chù yīng tián shén me shù　　jiù hǎo xiàng zhēn tàn zài pò
猜问号处应填什么数，就好像侦探在破

àn yī yàng　　nán guài mǎ xiǎo tiào huì zhè me zháo mí
案一样，难怪马小跳会这么着迷。

nǐ kàn　　mǎ xiǎo tiào yòu xiě yòu suàn
你看，马小跳又写又算

de　　yī huì er méi tóu jǐn suǒ　　yī huì er
的，一会儿眉头紧锁，一会儿

pāi shǒu jiào hǎo　　wán de duō gāo xìng a
拍手叫好，玩得多高兴啊！

mǎ xiǎo tiào zhèng
马小跳正

wán de bù yì lè hū
玩得不亦乐乎，

xiǎo péng yǒu　　nǐ yě kuài
小朋友，你也快

lái shì yī shì ba
来试一试吧。

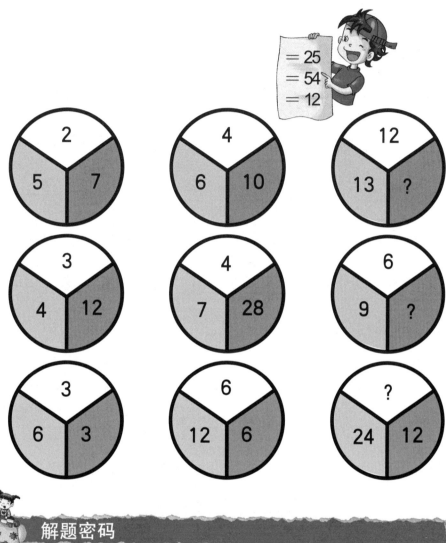

解题密码

　　第一行转盘上的数的排列规律是上面和左面扇形里的数之和是第三个数，所以第一个问号处应填 25 。第二行转盘上的数的规律是前两个数之积是第三个数，所以第二个问号处应填 54 。第三行，下面两个数的差是第 3 个数，所以问号处应填 12。

巧填转盘数（2）

mǎ xiǎo tiào xiàn zài yǐ jīng bù mǎn zú yú
马小跳现在已经不满足于

zhǐ yǒu gè shù de zhuàn pán le tā kāi shǐ tiǎo
只有3个数的转盘了，他开始挑

zhàn gèng gāo nán dù de zhuàn pán yóu xì le bù
战更高难度的转盘游戏了。不

guò zhè cì tā kě méi nà me róng yì jiù zhǎo chū
过，这次他可没那么容易就找出

zhuàn pán de guī lǜ zhè bù tā zhèng jiǎo jìn nǎo
转盘的规律。这不，他正绞尽脑

zhī de xiǎng ne xiǎo péng yǒu nǐ kuài lái bāng tā
汁地想呢，小朋友，你快来帮他

suàn yī suàn ba
算一算吧。

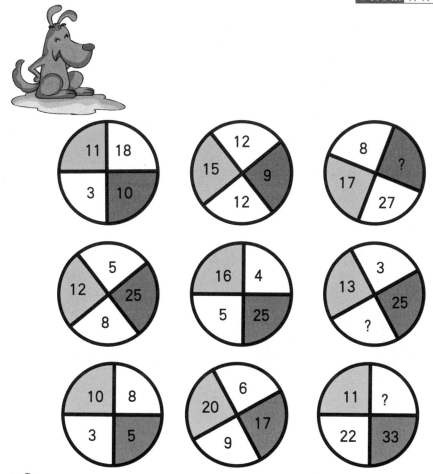

第一行转盘上的数的规律是相对的两个扇形里的数之和是相等的,所以第一个问号处应填的数是18。

第二行转盘上的数的规律是三个小于25的数之和等于25,所以第二个问号处应填的数是9。

第三行转盘上的数的规律是相对两个扇形里的数之差相等,所以第三个问号处应填的数是0或44。

☆数学嘉年华☆

找规律，填一填

sì dà jīn gāng měi rén chū le yī dào zhǎo guī lù tián shù de tí tā men dōu rèn wéi
"四大金刚"每人出了一道找规律填数的题，他们都认为

zì jǐ chū de tí zuì nán qí tā sān gè rén kěn dìng tián bu shàng xiǎo péng yǒu qǐng nǐ lái
自己出的题最难，其他三个人肯定填不上。小朋友，请你来

píng pàn yī xià shéi chū de tí zuì jiǎn dān shéi chū de tí zuì nán
评判一下，谁出的题最简单，谁出的题最难。

6	2	5	7
8	3	17	7
9	2	9	9
7	4	10	?

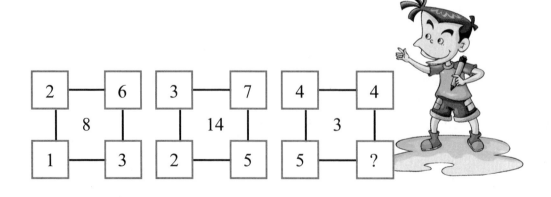

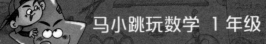

几个人在跳舞

一个著名的芭蕾舞剧团来演出，马天笑先生买了3张票，带着宝贝儿妈妈和马小跳去陶冶情操。

不愧是专业的芭蕾舞演员，马天笑先生一家被台上的舞蹈深深地吸引了，演出结束的时候，3个人意犹未尽，还真想再看一遍。

第二天上学的时候，马小跳对毛超和唐飞他们几个炫耀道："你们不知道昨天的芭蕾舞演出有多精彩，简直就是……"马小跳的词汇量有限，都不知道该怎么形容了，"反正，有一个舞蹈，两个人的前面有两个人，两个人的后面有两个人，两个人的中间还有两个人，简直是太美了。"

唐飞听马小跳说完直晕："你说的到底是几个人的舞蹈啊？"

毛超说："最少8个，不对，最少6个。"

夏林果听到他们的对话，对毛

chāo shuō
超说:"其实就只有4个人。你们被马小跳的话绕晕啦!"

táng fēi hé máo chāo hào qí de wèn xià lín guǒ   nǐ zěn me zhī dào de
唐飞和毛超好奇地问夏林果:"你怎么知道的?"

xià lín guǒ xiào xiao shuō   nà me zhòng yào de bā lěi
夏林果笑笑说:"那么重要的芭蕾

wǔ yǎn chū   wǒ zěn me néng bù qù kàn ne
舞演出,我怎么能不去看呢?"

xiǎo péng yǒu   nǐ jué de xià lín guǒ shuō de dá
小朋友,你觉得夏林果说的答

àn zhèng què ma
案正确吗?

解题密码

如果用A,B,C,D来代表4个芭蕾舞演员的话,这4个人排成一排,那么A和B的前面是C和D,C和D的后面是A和B,A和D的中间是B和C。

父子爬楼

星期日，马天笑先生要带马小跳去他的老同学兼老朋友河马大叔家玩儿。听说河马大叔刚搬了新家，马小跳也好奇地想要看看河马大叔新家的样子。

到了河马大叔家楼下，马小跳抬头看了看，不禁感叹道："这座楼好高呀！"马天笑先生说："你数数，这座大楼一共有多少层？"

马小跳认真地数了数说："哇，一共有17层哪。"

"咱们去坐电梯。"马天笑先生对马小跳说道。可当他们俩到了电梯前，却被告知电梯正在检修，不能使用。没办法，马天笑先生只好领着马小跳走楼梯。

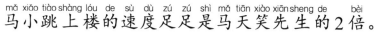

mǎ xiǎo tiào shàng lóu de sù dù zú zú shì mǎ tiān xiào xiān sheng de bèi
马小跳上楼的速度足足是马天笑先生的2倍。

mǎ xiǎo tiào duì zhe mǎ tiān xiào xiān sheng wèn dào lǎo bà
马小跳对着马天笑先生问道："老爸,

hé mǎ dà shū jiā zhù zài jǐ lóu ya
河马大叔家住在几楼呀?"

mǎ tiān xiào xiān sheng xiào hē hē de shuō zhào nǐ zhè ge
马天笑先生笑呵呵地说："照你这个

sù dù dāng wǒ zǒu dào lóu de shí hou nǐ jiù zǒu dào hé mǎ
速度,当我走到4楼的时候,你就走到河马

dà shū de jiā la
大叔的家啦。"

mǎ xiǎo tiào tīng le mǎ tiān xiào xiān sheng de huà tóu yě bù huí de yī kǒu qì jiù pá dào
马小跳听了马天笑先生的话,头也不回地一口气就爬到

le lóu kě mǎ xiǎo tiào zài lóu děng le bàn tiān yě bù jiàn lǎo bà shàng lái wǎng xià
了8楼。可马小跳在8楼等了半天,也不见老爸上来,往下

yī kàn fā xiàn mǎ tiān xiào xiān sheng jìng
一看,发现马天笑先生竟

zài lóu děng tā ne zhè shí mǎ tiān
在7楼等他呢。这时,马天

xiào xiān sheng xiào de qián yǎng hòu hé de duì
笑先生笑得前仰后合地对

mǎ xiǎo tiào shuō xiǎo bèn dàn nǐ duō
马小跳说："小笨蛋,你多

shàng le céng lóu
上了1层楼。"

解题密码

马天笑先生爬到4楼的时候,实际上爬了3段楼梯,那么马小跳的速度是马天笑先生的2倍,马小跳就需要爬6段楼梯。爬6段楼梯,到的应该是7楼。

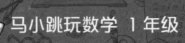

鸡鸭鹅

fàng xué hòu　　mǎ xiǎo tiào zhèng zài fáng jiān li zuò zuò yè　zhǐ
放学后，马小跳正在房间里做作业，只

tīng bǎo bèi er　mā ma cóng wài miàn fēng fēng huǒ huǒ de huí lái le
听宝贝儿妈妈从外面风风火火地回来了。

mǎ xiǎo tiào pǎo chū fáng jiān yī kàn　yuán lái　bǎo bèi er mā ma mǎi
马小跳跑出房间一看，原来，宝贝儿妈妈买

le yī zhī jī　yī zhī yā　hái yǒu yī zhī é　mǎ tiān xiào xiān
了一只鸡、一只鸭，还有一只鹅。马天笑先

sheng gāo xìng de shuō　mǎi le zhè me duō hǎo chī de　kàn lái wǒ
生高兴地说："买了这么多好吃的，看来我

men yào gǎi shàn huǒ shí la
们要改善伙食啦。"

mǎ xiǎo tiào kàn kan dì shang
马小跳看看地上

de jī yā é　wèn bǎo bèi er mā
的鸡鸭鹅，问宝贝儿妈

ma　mā ma　jīn tiān wǎn shang wǒ
妈："妈妈，今天晚上我

men chī jī ròu　yā ròu　hái shì é
们吃鸡肉、鸭肉，还是鹅

ròu ne
肉呢？"

bǎo bèi er
宝贝儿

mā ma xiào mī mī
妈妈笑眯眯

de duì mǎ xiǎo tiào
地对马小跳

shuō　dāng rán shì
说："当然是

你想吃什么，我们就吃什么了。不过呢，只能吃一种。"

马小跳想了想，又吞了吞口水说："哪只的分量最重，我们就吃哪只。"

宝贝儿妈妈假装犯难地说道："可是，我不知道哪只最重，我只知道它们一共重12千克。鸡和鸭一共重7千克，鸭和鹅一共重9千克。"

马小跳听了，摇头晃脑地算了一会儿，之后对宝贝儿妈妈说："老妈，我知道了，我们今天晚上应该吃鹅。"

小朋友，你知道马小跳是怎么算出来的吗？

 解题密码

由题意知：鸡＋鸭＝7千克，鸭＋鹅＝9千克。那么我们可以知道：1只鸡＋2只鸭＋1只鹅＝16千克，而鸡＋鸭＋鹅＝12千克，所以能求出来1只鸭＝4千克。这样可以依次求出：鸡＝3千克，鹅＝5千克。

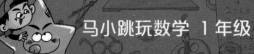

分饮料

xīng qī liù de bàng wǎn bǎo bèi er mā ma
星期六的傍晚，宝贝儿妈妈

wèn mǎ xiǎo tiào wǎn fàn xiǎng chī shén me mǎ xiǎo tiào
问马小跳晚饭想吃什么，马小跳

wāi zhe nǎo dai xiǎng le bàn tiān shuō mā ma
歪着脑袋想了半天，说："妈妈，

wǒ men qù chī hàn bǎo ba yú shì yī jiā sān
我们去吃汉堡吧。"于是一家三

kǒu jiù lái dào le hàn bǎo diàn
口就来到了汉堡店。

mǎ xiǎo tiào xiǎng chī de dōng xi hái zhēn duō tā bù jǐn yào chī hàn bǎo hái yào chī zhá
马小跳想吃的东西还真多，他不仅要吃汉堡，还要吃炸

jī chì dàn tà hé shǔ tiáo cǐ wài hái yào hē yǐn liào mǎ tiān xiào xiān sheng zhēn huái yí tā
鸡翅、蛋挞和薯条，此外，还要喝饮料。马天笑先生真怀疑他

de dù zi néng bu néng zhuāng xià nà me duō chī de mǎ tiān xiào xiān sheng jué dìng yào mǎ xiǎo tiào
的肚子能不能装下那么多吃的。马天笑先生决定要马小跳

zì jǐ qù cān tái diǎn cān bìng gào su mǎ xiǎo tiào shuō wǒ yào gè hàn bǎo hé bēi yǐn
自己去餐台点餐，并告诉马小跳说："我要2个汉堡和1杯饮

liào bǎo bèi er mā ma yào gè hàn bǎo hé bēi yǐn liào zuì hòu tā hái bù wàng zhǔ fù
料，宝贝儿妈妈要1个汉堡和1杯饮料。"最后他还不忘嘱咐

mǎ xiǎo tiào wǒ de yǐn liào yào duō jiā bīng bǎo bèi er mā ma de bù jiā bīng
马小跳："我的饮料要多加冰，宝贝儿妈妈的不加冰。"

bù yī huì er mǎ xiǎo tiào jiù duān zhe mǎn mǎn yī dà cān pán chī de huí lái le kě
不一会儿，马小跳就端着满满一大餐盘吃的回来了。可

shì wèn tí chū xiàn le bēi yī yàng wài guān de yǐn liào mā ma de yǐn liào hǎo qū bié lǐ
是，问题出现了：3杯一样外观的饮料，妈妈的饮料好区别，里

miàn méi yǒu bīng mǎ xiǎo tiào hé mǎ tiān xiào xiān sheng de dōu shì jiā le bīng de nǎ bēi shì duō
面没有冰，马小跳和马天笑先生的都是加了冰的，哪杯是多

jiā le bīng de ne
加了冰的呢？

mǎ xiǎo tiào zhèng fàn chóu ne　　què jiàn lǎo bà ná le yī bēi mǎn mǎn de yǐn liào hē le qǐ
马小跳正犯愁呢，却见老爸拿了一杯满满的饮料喝了起

lái　gěi mǎ xiǎo tiào liú le yī bēi bù tài mǎn de
来，给马小跳留了一杯不太满的。

mǎ xiǎo tiào zháo jí de wèn　　lǎo bà　　nǐ zěn me zhī dào nà bēi yǐn liào jiù shì nǐ de
马小跳着急地问：“老爸，你怎么知道那杯饮料就是你的

nà bēi duō jiā bīng de ne
那杯多加冰的呢？”

mǎ tiān xiào xiān sheng xiào mī mī de shuō　　　yīn wèi
马天笑先生笑眯眯地说：“因为

wǒ shì nǐ bà ba ya
我是你爸爸呀！”

解题密码

　　其实，马天笑先生知道，两杯一样多的饮料，多加冰的，里面饮料的高度
必然比正常加冰的高。所以，那杯满满的饮料就是他的。

谁做的纸房子结实

今天的科学课上，轰隆隆老师抱着一摞硬纸板走进教室，快嘴的毛超一见，立刻问道："老师，我们今天这节课干什么呀？"

轰隆隆老师对大家说："今天的科学课，我们动手来做纸房子，然后比一比谁做的房子最结实。"

以前的课上，从来没有做过纸房子，这是一次新鲜的体验啊，同学们一个个都很兴奋。

hōng lōng lōng lǎo shī gěi měi gè rén fā le yī zhāng yìng zhǐ bǎn dà jiā
轰隆隆老师给每个人发了一张硬纸板，大家

pò bù jí dài de shè jì qǐ zì jǐ de zhǐ bǎn fáng zi lái mǎ xiǎo tiào
迫不及待地设计起自己的纸板房子来。马小跳

shì chōng fèn de fā huī le zì jǐ de xiǎng xiàng lì zuò le yī gè gāo
是充分地发挥了自己的想象力，做了一个高

dà de fáng zi lù màn màn zuò le yī gè piào liang de xiǎo fáng
大的房子。路曼曼做了一个漂亮的小房

zi zhǐ yǒu ān qí ér dòng shǒu màn zuò chéng de fáng zi zhǐ
子。只有安琪儿动手慢，做成的房子只

shì gè jiǎn dān de sān jiǎo xíng jié gòu
是个简单的三角形结构。

kě shì yī jié kè xià lái hōng lōng lōng lǎo shī zhǐ biǎo yáng le ān qí ér shuō tā de
可是一节课下来，轰隆隆老师只表扬了安琪儿，说她的

fáng zi shì zuì zuì jié shi de tóng xué men yòng shǒu qīng qīng de tuī mǎ xiǎo tiào hé lù màn màn zuò
房子是最最结实的。同学们用手轻轻地推马小跳和路曼曼做

de fáng zi fáng zi jìng rán yáo yáo huàng huàng de kě ān qí ér zuò de fáng zi què jiē shi de
的房子，房子竟然摇摇晃晃的；可安琪儿做的房子却结实得

hěn yī diǎn er dōu bù yáo huàng
很，一点儿都不摇晃。

xiǎo péng yǒu nǐ zhī dào zhè shì wèi shén me ma
小朋友，你知道这是为什么吗？

解题密码

你动手做一做就知道了，安琪儿做的纸房子之所以结实，是由三角形具有
稳定性这一特点决定的。

马小跳的房子　　路曼曼的房子　　安琪儿的房子

巧切西瓜

夏天到了，西瓜熟了。马小跳和小非洲看到又圆又大的西瓜这个馋啊。小非洲说："在我们村里，有一个牛爷爷，他家种的西瓜最好吃，每年我都要去牛爷爷的瓜地里吃大西瓜。"马小跳听了，口水不禁直往下流。

小非洲继续说："有一次，我和几个小伙伴又去吃西瓜，正好赶上牛爷爷在睡午觉。没办法，我们只好把西瓜钱放到瓜棚边，正当我们挑了一个大个儿的西瓜，准备走的时候，牛爷爷却醒了。"

"然后呢？然后呢？"马小跳着急地问。

小非洲不紧不慢地说："其实呀，牛爷爷根本没有睡着，他只是假装睡着了，还大声地打着呼噜！"

马小跳瞪着眼睛问："我问你'然后'呢。"

小非洲笑呵呵地说："然后牛爷

爷给我们出了一个问题，说我们如果答对了，他就把那个大西瓜送给我们。"

"什么问题？"

"牛爷爷问怎样只切3刀就把一个西瓜切成8块。"

"那你们答对了吗？吃到西瓜了吗？"马小跳好奇地问。

小非洲说："当然啦，那西瓜的味道真是没说的。你猜我们怎么切的？"

马小跳想了半天也没想出来。

小朋友，你知道小非洲他们是怎么切的吗？

解题密码

答案其实很简单，先拦腰切一刀，分成上下两半，再纵切两刀，切成十字形，就分成8块啦。

找零钱

yī tiān fàng xué hòu　ān qí ér zhèng zài fáng jiān li zuò zuò yè　ān mā ma tū rán hǎn
一天放学后，安琪儿正在房间里做作业，安妈妈突然喊

dào　ān qí ér kuài bāng mā ma xià lóu qù mǎi diǎn er jiàng yóu　kě yǐ xiān yòng nǐ de líng
道："安琪儿，快帮妈妈下楼去买点儿酱油，可以先用你的零

yòng qián ma
用钱吗？"

ān qí ér pǎo dào chú fáng　wèn mā ma　kě yǐ shì kě yǐ　bù guò jiàng yóu duō shǎo
安琪儿跑到厨房，问妈妈："可以是可以，不过酱油多少

qián ya
钱呀？"

ān mā ma shuō　dài zhuāng de bù dào　yuán　píng zhuāng de　yuán zuǒ yòu
安妈妈说："袋装的不到3元，瓶装的10元左右。"

ān qí ér jué dìng mǎi dài zhuāng de　zhè yàng kě yǐ shǎo huā xiē qián　tā huí dào fáng jiān
安琪儿决定买袋装的，这样可以少花些钱。她回到房间

li　cóng zì jǐ de chǔ xù guàn er li qǔ le　yuán zhǐ bì jiù pǎo xià lóu le
里，从自己的储蓄罐儿里取了3元纸币就跑下楼了。

zài chāo shì li　ān qí ér zhǎo
在超市里，安琪儿找

le bàn tiān　cái fā xiàn biāo jià　yuán
了半天，才发现标价2元6

jiǎo de jiàng yóu　ān qí ér ná
角的酱油。安琪儿拿

zhe jiàng yóu jiù qù shōu yín
着酱油就去收银

tái jié zhàng　tā fān chū dài
台结账。她翻出带

lái de　yuán qián jiāo gěi shōu
来的3元钱交给收

yín yuán ā yí　kě shōu yín
银员阿姨，可收银

员阿姨看了看那袋酱油，又看了看收银台里的钱，说："对不起，小朋友，我们只有一枚5角的硬币了，这可怎么办呢？"

安琪儿瞪着两只眼睛，她也不知道该怎么办。要是买不到酱油，就白跑了一趟，没准儿妈妈还要批评她呢。

这时候，收银员阿姨又问安琪儿："小朋友，那你兜里有1角钱吗？"

安琪儿突然想起自己还有一个1角的硬币在兜里，于是点点头。

收银员阿姨笑呵呵地说："那你把你兜里的1角钱给我，我就能找开钱了。"

安琪儿不明白：3元钱找不开，3元1角就能找开吗？

解题密码

安琪儿把兜里的1角硬币也交给收银员阿姨的话，那么阿姨只需要找给安琪儿5角硬币就可以了。

分水果

xīng qī wǔ fàng xué de shí hou　niú pí yāo qǐng mǎ xiǎo tiào děng jǐ gè hǎo péng you zhōu mò
星期五放学的时候，牛皮邀请马小跳等几个好朋友周末

qù tā jiā wán er　　xīng qī liù yī dà zǎo　mǎ xiǎo tiào hé ān qí ér jiù jié bàn er lái dào
去他家玩儿。星期六一大早，马小跳和安琪儿就结伴儿来到

le niú pí jiā　　yī jìn mén　jiù kàn dào le máo chāo hé táng fēi　tā men zǎo zǎo de jiù lái dào
了牛皮家，一进门，就看到了毛超和唐飞。他们早早地就来到

le niú pí jiā　　zhèng děng zhe mǎ xiǎo tiào ne　　jǐ gè táo qì de nán shēng shāngliang yào dào wài
了牛皮家，正等着马小跳呢。几个淘气的男生商量要到外

miàn tī zú qiú
面踢足球。

zhè shí　　wò kè tài tai zǒu jìn fáng jiān duì niú pí shuō　　bén　nǐ yīng gāi qǐng nǐ de
这时，沃克太太走进房间对牛皮说："本，你应该请你的

tóng xué men chī xiē shuǐ guǒ　　mā ma　wǒ men chī wán shuǐ guǒ kě yǐ qù wài miàn tī zú qiú
同学们吃些水果。""妈妈，我们吃完水果可以去外面踢足球

ma　　niú pí zhēng qiú tā
吗？"牛皮征求他

mā ma de yì jiàn
妈妈的意见。

dāng rán kě yǐ　　nǐ
"当然可以。你

xiān bǎ wǒ gěi tóng xué men zhǔn
先把我给同学们准

bèi de shuǐ guǒ fēn gěi tā
备的水果分给他

men　　bù guò wǒ yǒu yī gè
们。不过我有一个

wèn tí nòng bù míng bai　　nǐ
问题弄不明白，你

kě yǐ bāng wǒ yī xià
可以帮我一下

^{ma}　　^{wǒ kè tài tai kàn zhe niú pí shuō}
吗？"沃克太太看着牛皮说。

^{dāng rán kě yǐ}　^{mā ma}　^{niú pí huí dá dào}
"当然可以，妈妈。"牛皮回答道。

^{nǐ hé nǐ de tóng xué yī gòng shì}　^{rén}　^{wǒ wèi}
"你和你的同学一共是 8 人，我为

^{nǐ men zhǔn bèi le}　^{gè píng guǒ}　^{gāi zěn me fēn ne}
你们准备了 8 个苹果，该怎么分呢？"

^{wò kè tài tai wèn}
沃克太太问。

^{yī rén yī gè ya}　^{zhè tài jiǎn dān la}　^{niú pí xiào zhe shuō dào}
"一人一个呀，这太简单啦。"牛皮笑着说道。

^{kě shì}　^{gè píng guǒ fēn gěi}　^{gè tóng xué}　^{guǒ pán li hái yǒu}　^{gè}　^{zhè shì zěn}
"可是，8 个苹果分给 8 个同学，果盘里还有 1 个，这是怎

^{me huí shì ne}　^{wò kè tài tai qī dài de kàn zhe niú pí}
么回事呢？"沃克太太期待地看着牛皮。

^{zhè ge}　^{zhè ge}　^{niú pí wāi zhe nǎo dai rèn zhēn de sī kǎo}　^{wǒ yào qù wèn}
"这个，这个……"牛皮歪着脑袋认真地思考，"我要去问

^{wen wǒ de tóng xué men}　^{niú pí méi yǒu xiǎng chū dá àn}　^{dǎ suàn qiú zhù yú tā de tóng xué}
问我的同学们。"牛皮没有想出答案，打算求助于他的同学

^{men la}
们啦。

^{ān qí ér tīng wán}　^{dà shēng shuō dào}　^{wǒ zhī dào}
安琪儿听完，大声说道："我知道！"

^{xiǎo péng yǒu men}　^{nǐ men zhī dào shì zěn me huí shì ma}
小朋友们，你们知道是怎么回事吗？

 解题密码

　　7 个小朋友各自拿走 1 个苹果后，果盘里还剩 1 个苹果，正好分给第 8 个小朋友。

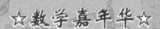
冒险岛

mǎ xiǎo tiào yǐ jīng chuǎng guò xià miàn de guān qiǎ dào mào xiǎn dǎo qù yóu wán la xiǎo péng
马小跳已经 闯 过下面的关卡,到冒险岛去游玩啦。小朋

yǒu nǐ yě lái tiǎo zhàn yī xià ba
友,你也来挑战一下吧。

唐飞走进教室,发现教室里只有 8 名女同学,那么教室里有几名同学呢? A.8 名 B.9 名

路曼曼用同样的钱,可以买 3 支铅笔或者 2 本练习本,是铅笔贵还是练习本贵? A.铅笔 B.练习本

一只游船上坐着一家人,数一数有 2 个妈妈,2 个女儿,船上至少有几个人? A.4人 B.3人

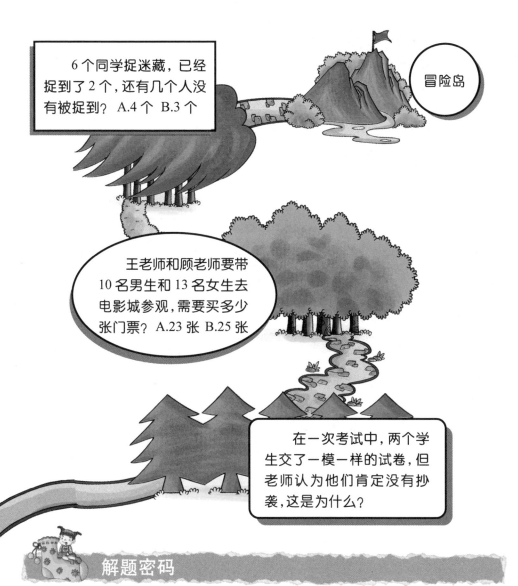

6个同学捉迷藏，已经捉到了2个，还有几个人没有被捉到？ A.4个 B.3个

冒险岛

王老师和顾老师要带10名男生和13名女生去电影城参观，需要买多少张门票？ A.23张 B.25张

在一次考试中，两个学生交了一模一样的试卷，但老师认为他们肯定没有抄袭，这是为什么？

解题密码

1.教室里一共有9名同学。2.练习本贵。3.至少有3个人。其中一个既是妈妈又是女儿。4.因为两个人都交了白卷。5.需要买25张门票。6.还有3个人没有被捉到。

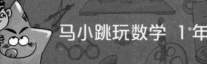

过山车

安爸爸听说市郊新建了一家游乐园，里面各种游乐设施一应俱全，于是决定周末带安琪儿去见识见识。

星期日一大早，安爸爸就和安琪儿到了游乐园。嗬，人好多啊，尤其是过山车的前面，排队的人就像是一条长龙。安琪儿也要去玩儿，可安爸爸见人那么多，就劝安琪儿下次再来玩儿。安琪儿就是不肯走。于是安爸爸问了安琪儿一个问题："安琪儿啊，你看，这个过山车10分钟才发一辆，8点整发的第一辆，到中午11点整一共能发几辆呢？如果你能算明白这个问题，我就陪你排队等过山车。"

听了爸爸的话，安琪儿认真地思考起来。她绞尽脑汁算了半天，连手指头都用上了，之后不确定地对爸爸说："爸爸，是18辆吗？"

安爸爸笑呵呵地看着安琪儿，问："你是怎么算的呢？"

安琪儿想了想说："10分钟发一辆，一个小时就是发6辆，那么8点到11点是3个小时，所以一共发了18辆。"

安爸爸笑眯眯地说："可是，我算出来的结果怎么是19辆呢？"

安琪儿本来就不太肯定自己的答案，现在又和爸爸算的结果不一样，她感觉头都大了。

小朋友，到底是安琪儿算得对，还是安爸爸算得对呢？

 解题密码

应该是19辆，每小时发6辆，加上11点整的时候发出的最后一辆，一共就是19辆。要弄懂这个问题，最好画一个时钟来帮助计算。

找 "1"

有一天下课，牛皮神秘兮兮地找到马小跳，说他发现了一道很有意思的数学题，这道题肯定能难住马小跳。

马小跳不相信有那么难的题，就问牛皮："什么题呀？快说来听听。"

牛皮慢条斯理地说："找'1'。"

"怎么找？"

"你说1到50这些数里，'1'一共出现了几次？"牛皮看着马小跳问。

马小跳开始认真地算起来，嘴里还不断地数着数，过了一会儿，他对牛皮说："这还叫难？14次呗。"

牛皮听了，哈哈

dà xiào qǐ lái shuō nǐ suàn cuò la
大笑起来，说："你算错啦。"

niú pí yòu qù wèn dīng wén tāo dīng wén tāo yáo
牛皮又去问丁文涛，丁文涛摇

tóu huàng nǎo de suàn le bàn tiān yě shuō shì cì
头晃脑地算了半天，也说是14次。

zhè huí mǎ xiǎo tiào rěn bu zhù yào wèn niú pí
这回，马小跳忍不住要问牛皮

le nǐ de dá àn shì bu shì yǒu wèn tí ya wǒ
了："你的答案是不是有问题呀？我

men liǎng gè rén suàn de dōu shì cì a
们两个人算的都是14次啊。"

niú pí shuō nǐ men kěn dìng shì suàn cuò le bù xìn wǒ ràng ān qí ér suàn ān
牛皮说："你们肯定是算错了。不信，我让安琪儿算，安

qí ér kěn dìng néng suàn duì mǎ xiǎo tiào hé dīng wén tāo dōu bù xìn ān qí ér zài tā men yǎn
琪儿肯定能算对。"马小跳和丁文涛都不信，安琪儿在他们眼

li kě shì gè bèn nǚ hái a
里可是个笨女孩啊！

niú pí jiē zhe jiù qù zhǎo le ān qí ér ān qí ér hěn rèn zhēn hěn rèn zhēn de suàn le
牛皮接着就去找了安琪儿，安琪儿很认真很认真地算了

bàn tiān zuì hòu duì niú pí shuō cì
半天，最后对牛皮说："15次！"

niú pí tīng wán hā hā dà xiào qǐ lái duì mǎ xiǎo tiào hé dīng wén tāo shuō nǐ kàn
牛皮听完，哈哈大笑起来，对马小跳和丁文涛说："你看，

wǒ jiù zhī dào ān qí ér néng suàn duì
我就知道安琪儿能算对。"

 解题密码

　　1～10里，1出现2次，11～19里，1出现了10次呢，因为在11这个数字里，1出现了2次，再加上21,31,41里的1，1一共出现了15次。

书签被夹在哪两页之间

路曼曼有一本关于科学家的小故事的课外书，书中还有一张漂亮的书签，她经常在下课的时候把这本书拿出来翻上几页。

这天下课，路曼曼又将书拿出来聚精会神地看了起来，马小跳很好奇，也想借这本书看看，路曼曼却说："如果你能猜到我的书签被夹在哪两页之间，我就借给你，而且看几天都行。"马小跳有点儿生气地说："这怎么猜呀，这么多页的书，你这不是成心难为我吗？"

路曼曼说："我可以给你一点儿提示。这两页的页码数之和是89。"

马小跳想看书，又算不出页码，于是去找牛皮："牛皮，前两天你考了我一个问题，今天我也考考你。"

牛皮点点头。

马小跳说："一本书左右两页的页码数之和是89，这两页分别是哪两页？"

"这个问题太简单了，我马上就给你算出来。"牛皮说。不一会儿，他告诉马小跳："是44页和45页。"

听了牛皮的答案，马小跳高兴地说："太好了，我可以借到书啦！"

牛皮这才恍然大悟："马小跳，原来你在利用我呀！"

马小跳用牛皮算出的答案，顺利地从路曼曼手中借到了那本书。小朋友，你知道聪明的牛皮是怎么算的吗？

解题密码

两个相连的页码之和是89，两页相连，说明两页相差1，那么用89减去1，再除以2，就得到左面那页的页码数，再加上1，就是右面的页码数了。

小兔子的价钱

fàng xué de shí hou　　xué xiào mén kǒu lái le yī gè mài xiǎo tù zi de lǎo nǎi nai　　xiǎo
放学的时候，学校门口来了一个卖小兔子的老奶奶。小

tù zi zài tù lóng li tiào lái tiào qù de　hěn zhāo rén xǐ ài　　ān qí ér tè bié xǐ huan máo
兔子在兔笼里跳来跳去的，很招人喜爱。安琪儿特别喜欢毛

róng róng de xiǎo dòng wù　yú shì jiù xiǎng mǎi yī zhī　　kě tā yī wèn jià qián　cái fā xiàn dōu
茸茸的小动物，于是就想买一只。可她一问价钱，才发现兜

er li de qián bù gòu　yú shì tā jiù xiàng mǎ xiǎo tiào jiè
儿里的钱不够。于是她就向马小跳借，

kě mǎ xiǎo tiào dōu er li de qián yě bù gòu mǎi yī zhī de
可马小跳兜儿里的钱也不够买一只的，

jí shǐ shì tā men liǎng gè rén de qián jiā yī qǐ　yě mǎi bù
即使是他们两个人的钱加一起，也买不

lái yī zhī　méi yǒu bàn fǎ　tā men zhǐ hǎo shī wàng de huí
来一只。没有办法，他们只好失望地回

jiā le
家了。

mǎ tiān xiào xiān sheng kàn dào
马天笑先生看到

gāng huí jiā de mǎ xiǎo tiào biǎo qíng yǒu
刚回家的马小跳表情有

diǎn er shī luò，máng wèn
点儿失落，忙问

tā zěn me le
他怎么了。

mǎ xiǎo tiào shuō
马小跳说：

jīn tiān ān qí ér xiǎng
"今天安琪儿想

mǎi yī zhī xiǎo tù zi
买一只小兔子，

很可爱的小兔子，可是她的钱不够，我的钱也不够，我们俩的钱加一起也不够，看到安琪儿失望的样子，我心里也不好受。"

马天笑被儿子的善良感动了，忙问马小跳小兔子多少钱一只。

马小跳说："安琪儿买一只的话，缺5元钱，我买一只还缺6元钱，我俩的钱加在一起买一只还缺1元钱。"

马天笑看看儿子，说："老爸明天给你20块钱，你们一人买一只。"

马小跳听了，高兴地蹦了起来，笑着说："谢谢老爸！"

小朋友，你知道小兔子多少钱一只吗？20元够买两只吗？

 解题密码

　　每人买1只，一个人差5元，一个人差6元，那么两个人买2只就是差11元。再从两个人的钱合买1只差1元，就可以判断出1只小兔子是10元钱。这样，20元正好可以买2只。

"四大金刚"吃包子

niú pí de mā ma wò kè tài tai fēi cháng xǐ ài zhōng guó
牛皮的妈妈沃克太太非常喜爱中国

měi shí yǒu yī tiān tā xué zhe zuò le zhōng guó de bāo zi yú
美食，有一天，她学着做了中国的包子，于

shì ràng niú pí yāo qǐng tóng xué men dào tā jiā chī bāo zi
是让牛皮邀请同学们到她家吃包子。

sì dà jīn gāng yī lái dào niú pí jiā jiù wén dào le
"四大金刚"一来到牛皮家，就闻到了

xiāng pēn pēn de bāo zi wèi er zhè jǐ zhī chán māo kǒu shuǐ dōu yào
香喷喷的包子味儿。这几只馋猫口水都要

liú chū lái le
流出来了。

máo chāo pò bù jí dài de
毛超迫不及待地

shuō wǒ yào chī gè
说："我要吃5个！"

wò kè tài tai xiào zhe
沃克太太笑着

shuō nǐ men jǐn liàng duō chī yī
说："你们尽量多吃一

xiē nǐ men chī de yuè duō zhèng
些，你们吃得越多，证

míng wǒ zuò de yuè hǎo wǒ huì
明我做得越好，我会

hěn gāo xìng de
很高兴的。"

bāo zi bèi duān shàng zhuō
包子被端上桌

hòu mǎ xiǎo tiào táng fēi máo
后，马小跳、唐飞、毛

chāo hé zhāng dá láng tūn hǔ yàn de chī qǐ lái
超和张达狼吞虎咽地吃起来。

niú pí kàn tā men chī de nà me xiāng zì jǐ yě fēi kuài de chī qǐ lái
牛皮看他们吃得那么香，自己也飞快地吃起来。

dà jiā chī wán hòu wò kè tài tai kàn zhe dù zi gǔ gǔ de sì dà jīn gāng shuō
大家吃完后，沃克太太看着肚子鼓鼓的"四大金刚"说：

nǐ men zhī dào gāng cái nǐ men yī gòng xiāo miè le duō shǎo gè bāo zi ma
"你们知道刚才你们一共消灭了多少个包子吗？"

máo chāo shuō wǒ shuō huà suàn huà shuō chī gè jiù chī le gè
毛超说："我说话算话，说吃 5 个，就吃了 5 个。"

mǎ xiǎo tiào shuō wǒ bǐ máo chāo duō chī le yī gè
马小跳说："我比毛超多吃了一个。"

táng fēi shuō wǒ bǐ mǎ xiǎo tiào duō chī yī gè
唐飞说："我比马小跳多吃一个。"

zhāng dá shuō wǒ bǐ táng fēi duō chī yī gè
张达说："我比唐飞多吃一个。"

shuō wán dà jiā dōu hā hā dà xiào qǐ lái
说完，大家都哈哈大笑起来。

niú pí shuō mā ma kàn lái nín zuò de zhōng guó bāo
牛皮说："妈妈，看来您做的中国包

zi shì yuè lái yuè hǎo chī la
子是越来越好吃啦！"

xiǎo péng yǒu nǐ néng suàn chū sì dà jīn gāng yī gòng
小朋友，你能算出"四大金刚"一共

xiāo miè le duō shǎo gè bāo zi ma
消灭了多少个包子吗？

解题密码

　　毛超吃了 5 个，马小跳、唐飞、张达每个人依次比前者多吃了一个，那么他们吃的包子数分别是 5，6，7，8，加在一起就是 26 个包子。

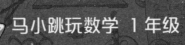

填数字

一天，马小跳正在家里做作业，忽然电话铃响了，原来是唐飞打来的，他被一道数学题给难住了，向马小跳求援。他告诉马小跳，他爸爸说他要是今天做不出来这道题，他可就甭想看晚上的动画片了。

这是一道填数字的题（见下图），需要把3，4，5，6，7，8，9分别填在小圈里，使大圈、小圈上的3个数及每条直线上的3个数相加的和都是18。

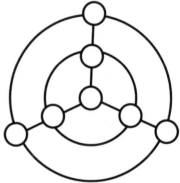

zhè kě zhēn shì tǐng yǒu tiǎo zhàn xìng ya　　mǎ
这可真是挺有挑战性呀！马

xiǎo tiào tián le jǐ cì dōu méi tián duì　yǎn kàn shí jiān
小跳填了几次都没填对，眼看时间

yī fēn yī miǎo de guò qù le　tā zhǐ hǎo xiàng mǎ tiān
一分一秒地过去了，他只好向马天

xiào xiān sheng qiú zhù　mǎ tiān xiào xiān sheng jǐ fēn zhōng
笑先生求助。马天笑先生几分钟

jiù jiě jué le zhè dào shù xué nán tí
就解决了这道数学难题。

yǒu le dá àn　mǎ xiǎo tiào lì jí huí diàn huà
有了答案，马小跳立即回电话

gěi táng fēi　dà dà xuàn yào le yī fān　táng fēi hái yǐ wéi shì mǎ xiǎo tiào zì jǐ suàn chū lái
给唐飞，大大炫耀了一番。唐飞还以为是马小跳自己算出来

de　lián lián kuā mǎ xiǎo tiào lì hai
的，连连夸马小跳厉害。

xiǎo péng yǒu　nǐ men xiǎng zhī dào mǎ tiān xiào xiān sheng shì zěn me tián de ma
小朋友，你们想知道马天笑先生是怎么填的吗？

 解题密码

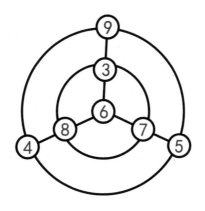

曹冲称象

三国的时候，有一天，吴国的孙权送给曹操一头大象。曹操很高兴，在大象运到的那一天，带领着文武百官还有小儿子曹冲一起去看象。

长期居住在中原的人根本没有见过这样的庞然大物。曹操问："这头大象有多重呢？你们谁有办

法把它称一称？"

在场的人七嘴八舌

地讨论开了，有的说

制造一种特大的秤

来称一称。可是，这得需要造多大的秤呀，大象那么大，一站上去，还不把秤踩坏了？

有的说，把大象一块一块地切开，分开称，最后再加在一起。可是，这不就等于把大象给宰了吗？

就在大家束手无策、议论纷纷的时候，曹操的小儿子曹冲站出来说："我有办法称大象的重量，还不用把大象杀了。"

那么，曹冲的办法是怎样的呢？

原来，曹冲先让人把大象赶到一艘船上，看船身沉入水中多少，在船舷上齐水面的地方刻了一道线，再叫人把大象赶到岸上，把大大小小的石头一块一块地运到船上，直到船又沉到刚才刻的那道线上。接着，他请大家把船上的石头称一下，把重量加起来，这样就知道大象有多重了。

街头抽奖的把戏

星期三下午放学的路上，马小跳、毛超和唐飞有说有笑地往家走，走着走着，发现路边有一群人围着一个小摊儿，好像是在搞什么活动。

毛超凑了过去，挤进人群，想看个究竟。原来啊，是一个小贩在搞抽奖活动，他把一个纸箱子放在桌子上，纸箱里面放了6个小球，编号依次为1，2，3，4，5，6。由顾客去摸小球，每次摸3个，如果3个球的编号是挨着的，那么就可以免费得到小贩所卖的商品；如果3个球的编号没有挨着，就要花钱买小贩的商品。

mǎ xiǎo tiào máochāo hé táng fēi yě jǐ le jìn
马小跳、毛超和唐飞也挤了进
qù tā men kàn le bàn tiān fā xiàn yǒu shí duō gè
去，他们看了半天，发现有十多个
rén qù mō qiú què zhǐ yǒu yī gè rén xìng yùn de
人去摸球，却只有一个人幸运地
zhòngjiǎng le máochāoràng mǎ xiǎo tiào yě qù shì shi
中奖了。毛超让马小跳也去试试
yùn qì kě táng fēi què bǎ mǎ xiǎo tiào lán zhù le
运气，可唐飞却把马小跳拦住了，
shuō wǒ lǎo bà céng jīng gěi wǒ jiǎng guò zhè zhǒng
说："我老爸曾经给我讲过，这种
chōu jiǎng huó dòngzhòng jiǎng de gài lǜ hěn dī nǐ jiù
抽奖活动中奖的概率很低，你就
bié qù làng fèi qián la
别去浪费钱啦！"

mǎ xiǎo tiào bù míng bai gài lǜ dī shì shén me yì si jiù yī gè jìn er de wèn táng
马小跳不明白"概率低"是什么意思，就一个劲儿地问唐
fēi táng fēi zhǎ le zhǎ yǎn jing shuō tōng sú de shuō jiù shì jī huì hěn xiǎo bù xìn nǐ
飞。唐飞眨了眨眼睛说："通俗地说，就是机会很小。不信你
huí jiā zuò gè xiāng zi zài lǐ miànfàngshàngxiǎo qiú mō mo shì shi
回家做个箱子，在里面放上小球摸摸试试。"

mǎ xiǎo tiào huí jiā yī shì mō zhòng de gài lǜ hái zhēn shì hěn dī kě shì zhè shì
马小跳回家一试，摸中的概率还真是很低。"可是这是
wèi shén me ne mǎ xiǎo tiào xiàn rù le sī suǒ zhī zhōng
为什么呢？"马小跳陷入了思索之中。

 解题密码

　　一共是 6 个球，中奖的情况只有 123,234,345,456 这四种，可是不中奖
的情况却有 134,135,136,145,146,245,246,124 等好几十种。是不是中奖
的概率很低呢？所以，千万不要相信街头的抽奖把戏。

如何过河

丁文涛被一道智力题难住了，可是他又不好意思问其他同学，于是他便假装自己知道答案的样子对同学们说："我给你们出一道智力题，答得出来的，说明他的智商高。"

同学们都看着丁文涛，说：

"快说，是什么题？"

丁文涛就把题仔细地说了一遍："一个老人带着一只狗、一只羊，还有一棵白菜过河。渡河的小船每次只能让老人带一样东西过河，可是无论在河的哪一边，狗和羊、羊和白菜都不能单独在一起，因为狗会咬羊，羊会吃白菜。那么，怎样过河老人才能不受损失呢？"

同学们七嘴八舌地讨论开了，有的说先带羊，有的说先带狗，可是讨论来讨论去也没想出一个好办法，不是狗会咬羊，就是羊会吃白菜。

马小跳最想挫挫丁文涛的锐气了，于是他联合牛皮、安

^{qí ér yī qǐ xiǎng} ^{tā men sān gè shāng liang le bàn tiān} ^{zuì hòu}
琪儿一起想，他们三个商量了半天，最后

^{mǎ xiǎo tiào zhàn chū lái shuō} ^{wǒ yǒu bàn fǎ la}
马小跳站出来说："我有办法啦！"

^{dīng wén tāo yǒu diǎn er bù xiāng xìn mǎ xiǎo tiào néng}
丁文涛有点儿不相信马小跳能

^{dá shàng lái} ^{tā ràng mǎ xiǎo tiào shuō shuo kàn}
答上来，他让马小跳说说看，

^{mǎ xiǎo tiào jiù bǎ tā de fāng fǎ gěi dà}
马小跳就把他的方法给大

^{jiā jiǎng le jiǎng} ^{guǒ rán zhè ge lǎo}
家讲了讲，果然这个老

^{rén kě yǐ háo wú sǔn shī de}
人可以毫无损失地

^{guò hé}
过河。

^{dīng wén tāo tīng}
丁文涛听

^{le} ^{yǒu diǎn er liǎn}
了，有点儿脸

^{hóng} ^{tā zài yě bù gǎn}
红，他再也不敢

^{xiǎo qiáo mǎ xiǎo tiào le}
小瞧马小跳了。

 解题密码

　　马小跳的办法是：第一次把羊带过河；第二次把狗带过河，把羊带回来；第三次把白菜带过河；第四次把带回来的羊再带过去。

请你判断

"四大金刚"正在聊天呢，小朋友，你听听，从他们的谈话中，你能判断出什么？

▶ 你知道哪个班人数最多吗?

▶ 你知道哪辆汽车跑得最快吗?

解题密码

1.张达第一,毛超第二,马小跳第三。

2.按从左到右的顺序依次是马小跳、唐飞、毛超。

3.三班。

4.4 号汽车最快。

自作聪明的唐飞

马天笑先生给马小跳买了一个滑板，毛超和唐飞都想借来玩儿，为了谁先玩儿滑板的事，两人争了起来。

马小跳赶紧出来做和事老，说："这样吧，你们俩来一场100米赛跑，谁跑得快，就先借给谁。"

比赛当然是由马小跳做裁判，马小跳刚喊出"预备，跑！"，毛超就冲了出去。唐飞也尽量快地跑了起来，可是当毛超到达终点的时候，唐飞才跑了一半，也就是跑了 50 米，气得唐飞直喊这样比赛不公平，因为他的体重差不多是毛超的两倍，跑起来自然没有毛超快。

"你说怎样跑才算公平呢？"毛超问。

唐飞想了想说："将你的起跑线往后挪50米，我觉得这样比才公平。"

毛超想了想，笑呵呵地说："好吧，不过这次我要是也赢了，滑板得先让我玩儿。"

唐飞心里想的是：这回我就可以先到终点了，滑板应该我先玩儿。

可是，第二次比赛，还是毛超先到终点。

这回，唐飞彻底糊涂了：毛超向后挪了50米，怎么还比我快呢？

同学们，你们能告诉困惑的唐飞这是为什么吗？

解题密码

这是一个关于速度的问题，第一次毛超跑了100米，唐飞才跑了50米，说明毛超的速度是唐飞的2倍。所以，让毛超后退50米是没用的，因为在唐飞跑完100米的时间里，毛超可以跑200米。

算式补丁

丁克舅舅新买了一套衣服，据
说超贵。马小跳瞧了瞧，只见上衣、
裤子全打了补丁。

"舅舅，这衣服是破的，还卖你
那么贵，你上当啦！"

"这叫乞丐服，你不懂！"丁克舅
舅拍拍新衣服得意地说。

这时，宝贝儿妈妈走过来对马小
跳说："跳跳娃，还有一种需要打补丁
的算式呢，非常具有挑战性。"

"真的吗？快让我
看看！"马小跳的好奇
劲儿上来了。

没想到，马小跳一
看到题竟然晕了。

jiū jìng shì shén me suàn shì ràng cōng míng de mǎ xiǎo tiào dōu yūn le ne　　ràng wǒ men lái
究竟是什么算式让聪明的马小跳都晕了呢？让我们来

kàn yī xià
看一下：

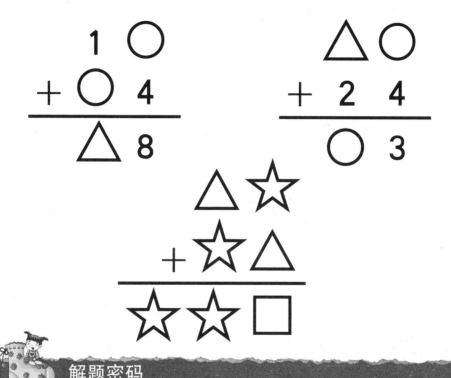

解题密码

　　做这样的题是有窍门儿的，可以先从已知条件入手。比如第一个算式，圆圈加上4得8，也就是8减去4得圆圈，自然圆圈就代表4了。1加4得三角形，三角形就是5。

　　用这种方法可以算出第二个算式中的圆圈代表9，三角形代表6。

　　第三个算式可是有些难度了，因为算式里没有一个数字。那也不用着急，因为仔细分析就可知道，两个两位数相加，向前只能进位1，也就是说五角星代表的数字是1，由此就可以知道三角形代表的是9，正方形代表的是0了。

田忌赛马

zhàn guó de shí hou，qí guó de dà jiàng tián jì hěn xǐ huan sài mǎ，yǒu yī cì，qí wēi
战国的时候,齐国的大将田忌很喜欢赛马。有一次,齐威

wáng hé tián jì jìn xíng sài mǎ，tā men měi rén dōu yǒu shàng zhōng xià sān děng mǎ，bǐ sài de
王和田忌进行赛马。他们每人都有上、中、下三等马,比赛的

shí hou，tā men yòng shàng děng mǎ duì shàng děng mǎ，zhōng děng mǎ duì zhōng děng mǎ，xià děng mǎ duì
时候,他们用上等马对上等马,中等马对中等马,下等马对

xià děng mǎ，tián jì de měi gè dàng cì de mǎ dōu bǐ qí wēi wáng de chà yī xiē，suǒ yǐ sān
下等马。田忌的每个档次的马都比齐威王的差一些,所以三

chǎng bǐ sài tián jì dōu shū le，tián jì hěn sǎo xìng
场比赛田忌都输了,田忌很扫兴。

zhè shí hou，tián jì shǒu xià de mén kè sūn bìn lái dào tián jì de miàn qián shuō，jiāng
这时候,田忌手下的门客孙膑来到田忌的面前说:"将

jūn，rú guǒ nín zài hé qí wēi wáng bǐ yī cì，wǒ yǒu bàn fǎ ràng nín yíng
军,如果您再和齐威王比一次,我有办法让您赢。"

田忌有点儿疑惑地看着孙膑说："我每个等级的马都比齐威王的差一些，怎么可能赢呢？"

孙膑凑在田忌的耳边悄悄地说了自己的办法。田忌听了，不住地点头，脸上也露出了笑容。

于是，田忌请求和齐威王再赛一次。这一次，齐威王先派出了自己的上等马，田忌却只派出了自己的下等马，齐威王赢了第一场。第二场，齐威王派出了自己的中等马，田忌按孙膑说的，派出了自己的上等马，这一场田忌赢了。最后一场，齐威王用剩下的下等马对田忌的中等马，还是田忌赢。这样，三场比赛，田忌赢了两场，当然就是田忌胜了。

同样的马匹，由于掉换了比赛的出场顺序，就收到了转败为胜的效果。小朋友，你知道这个故事里包含着什么数学知识吗？其实，这就是数学中著名的"博弈论"。

车轮为什么是圆的

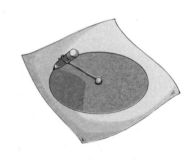

星期四的数学课上，代课老师让大家想一想车轮为什么是圆的。

大家都思考起来。

丁文涛首先举手说："因为圆是曲线图形，它比较光滑。"

老师听了，笑呵呵地说："那椭圆也是曲线图形啊，为什么车轮不是椭圆形的呢？"

路曼曼说："因为圆形是最美丽的图案，做车轮最美观。"

"其实，把车轮做成圆形的，最主要的原因是圆上各点到圆心的距离相等。"说着，老师拿出一张纸，并用图钉在上边钉了一个点，在这个点上挂了一条细绳，然后在绳子的另一端挂了一支笔。绳子绕钉子转了一圈，就画出了一个圆。

老师说："我们把绳子的长度叫作半径。把车轮做成圆形，然后把车轴安在图钉这个位置上，那么车轴离地面的距离就总是等于车轮的半径了。这样，当圆形的车轮在路面上滚动的时候，车子就可以平稳地前行了。你们试想一下，如果将车轮做成三角形或者正方形的，会怎么样呢？"

马小跳抢着说："如果车轮是三角形的，那么车子走起来就会忽高忽低，就会把车上的人的头颠晕。"

老师笑呵呵地点点头说："这回大家知道为什么车轮要做成圆形的了吧？"

同学们都深有感触地说："原来数学知识在生活中的用处这么大啊！"

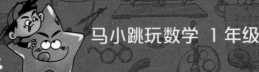

没有时间看书

毛超整天琢磨如何玩儿，就是不爱学习。一天，毛爸爸把毛超叫到身边说："你应该多看看书，看看人家丁文涛，学习多好。"

"可是我没时间呀。"毛超狡辩道，"老爸，你算算看，我一天睡8小时，每天24个小时，一年中我睡觉的时间加起来就差不多122天；每周有两天不上课，一年就有104天不上课；

我每天吃饭还要花3小时，一年大约就是46天；每天还要写2个小时的作业，一年就超过30天；我们还有60天的寒假和暑假。"毛超边说边把这些数字写成一个算式交给了毛爸爸，毛爸爸仔细地算了一下结果，不禁吓了一跳。算

shì jí qí jié guǒ rú xià
式及其结果如下：

	睡眠（一天 8 小时）	122 天
	星期六和星期天	104 天
	寒暑假	60 天
	用餐（一天 3 小时）	46 天
+	写作业（一天 2 小时）	30 天

362 天

máo bà ba yě jué de máochāoshuō de yǒu dào lǐ　dàn shì yòu jué de
毛爸爸也觉得毛超说得有道理，但是又觉得

nǎ lǐ bù duì jìn er　　yīn wèi rú guǒ shì zhè yàng de huà　　nà bù shì suǒ
哪里不对劲儿，因为如果是这样的话，那不是所

yǒu de rén dōu méi yǒu shí jiān kàn shū le ma　kě shì　　tā zuǒ sī yòu xiǎng
有的人都没有时间看书了吗？可是，他左思右想

yě méi fā xiàn wèn tí chū zài nǎ lǐ　xiǎopéng yǒu　nǐ néngbāngmáochāo de
也没发现问题出在哪里。小朋友，你能帮毛超的

bà ba zhǐ chū máochāo jiū jìng zài shén me　dì fangzuān le kòng zi ma
爸爸指出毛超究竟在什么地方钻了空子吗？

解题密码

　　毛超的这个算式隐藏的秘密就是，他把时间进行了重复计算，同一时间不止一次地被加。例如，60 天的寒暑假，他既要用餐又要睡眠，这些用餐和睡眠的时间，既被列入了寒暑假的时间之中，又分别被计入了用餐和睡眠的时间之中。这样算下去，他当然是没时间读书啦。

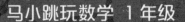

巧移硬币

^{yī tiān xià kè　　mǎ xiǎo tiào dào chù xiàngtóng xué jiè yìng bì　　máochāo hào qí de wèn}
一天下课，马小跳到处向同学借硬币，毛超好奇地问：

^{mǎ xiǎo tiào　　nǐ jiè qián fēi děi yào yìng bì gàn má ya　　zhǐ bì hé yìng bì bù dōu yī yàng}
"马小跳，你借钱非得要硬币干吗呀？纸币和硬币不都一样

^{huā ma}
花吗。"

^{mǎ xiǎo tiào yī tīng　　lè le　　āi yā　　shéi shuō wǒ yào jiè qián huā a　　wǒ shì yào jiè}
马小跳一听，乐了："哎呀，谁说我要借钱花啊，我是要借

^{yìng bì lái suàn yī dào tí}
硬币来算一道题。"

^{máochāo tīng le　　wèn　　yòng yìng bì néngsuànshén me tí}
毛超听了，问："用硬币能算什么题？"

^{mǎ xiǎo tiào shuō　　zhè děi bǎi chū lái cái néng zhī dào}
马小跳说："这得摆出来才能知道。"

^{bù yī huì er　　mǎ xiǎo tiào jiù jiè dào le　　méi yìng bì　　tā bǎ yìng bì bǎi chéng yī}
不一会儿，马小跳就借到了 10 枚硬币，他把硬币摆成一

^{gè shí zì xíng　　rán hòu wèn máochāo　　nǐ shuō zěn me yí dòng　　méi yìng bì　　cái néng ràng}
个"十"字形，然后问毛超："你说怎么移动 1 枚硬币，才能让

^{zhè ge shí zì xíng héng háng hé shù háng de yìng bì shù dōu shì}
这个'十'字形横行和竖行的硬币数都是 6？"

^{máochāo shuō　　gēn běn bù kě néng ma　　měi háng dōu shì　　méi}
毛超说："根本不可能嘛，每行都是 6 枚，

^{zuì shǎo děi xū yào　　méi　　kě shì xiàn zài zhǐ yǒu　　méi}
最少得需要 11 枚，可是现在只有 10 枚

^{yìng bì}
硬币。"

^{táng fēi còu guò lái shuō　　shǎo　　méi ya　　bié fèi xīn}
唐飞凑过来说："少 1 枚呀，别费心

^{si le　　zhè　　méi yìng bì wǒ chū le　　shuōwán　　tā hái}
思了，这 1 枚硬币我出了。"说完，他还

zhēn tāo chū   méi   jiǎo de yìng bì
真掏出1枚1角的硬币。

bié dǎo luàn   shū shang shuō yī dìng kě yǐ bǎi chū lái de   ràng wǒ xiǎng yī xiǎng   mǎ xiǎo
"别捣乱，书上说一定可以摆出来的，让我想一想。"马小

tiào zhòu zhe méi shì le yī huì er   rán hòu huǎng rán dà wù de shuō   wǒ zhī dào gāi zěn me yí
跳皱着眉试了一会儿，然后恍然大悟地说："我知道该怎么移

la   shuō zhe jiù yí le yī xià
啦！"说着就移了一下。

máo chāo hé táng fēi yī kàn   guǒ rán shì měi háng   méi yìng bì   zhè xià   tā liǎ bù dé
毛超和唐飞一看，果然是每行6枚硬币。这下，他俩不得

bù pèi fú mǎ xiǎo tiào le
不佩服马小跳了。

nà me   mǎ xiǎo tiào jiū jìng shì zěn me yí de ne
那么，马小跳究竟是怎么移的呢？

 解题密码

共10枚硬币，排成横行和竖行都是6枚显然是不够的，这就要打破常规的思维方式。如果把竖行的最下面的一枚硬币放在中心的硬币上，让这个位置上有两枚硬币，就可以做到每行都有6枚了。

谁是小快手

sì dà jīn gāng zhèng zài jìn xíng zhí shù bǐ sài　nǎ zǔ huì xiān zhí wán shù ne　　zhǐ

"四大金刚"正在进行植树比赛,哪组会先植完树呢?(只

yǒu suàn duì shù miáo shang de suàn shì　　cái néng bǎ shù miáo zāi zài yǔ suàn shì de jié guǒ xiāng duì yìng

有算对树苗上的算式,才能把树苗栽在与算式的结果相对应

de kēng li　xiǎo péng yǒu　nǐ yě lái shì yī shì ba　kàn kan shéi shì xiǎo kuài shǒu

的坑里。)小朋友,你也来试一试吧,看看谁是小快手。

第一组

29+28　　16+45　　23+72　　26+23

49　　　　95　　　　57　　　　61

第二组

79−28　　31−19　　63−27　　54−38

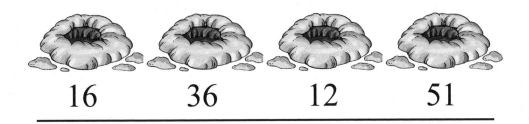

16　　　36　　　12　　　51

读一首诗，交一个字朋友

字的小诗

ZI DE XIAOSHI

—— 金鼎奖得主林世仁作品 ——

185个主题汉字＋171首童诗＋171幅图画
带孩子和文字互动，欣赏字的超能力，
开启观察，强化思考力、联想力、表述力

我把字看成一个一个图像，由字的拆解中去寻找趣味，
从字的形状去联想或由字的感觉去提味……
尝试打开字的想象空间——
为这些棒得不得了的文字，一个字献上一首诗。
让小朋友发现：哇，原来文字这么好玩！
一个字就藏着一种心情、一种想象、一个故事……

——林世仁

故事+知识

藏在故事里的小小博物馆

儿童文学作家+图画书创作者+科普书作家
为孩子量身打造的主题故事桥梁书——
从图架桥到文的阅读升级，
从故事架桥到知识的引导学习！
用文学启蒙，用知识奠基，层层主题向外扩散，
贴近孩子，合力开启孩子的阅读探索力！

图书在版编目（CIP）数据

马小跳玩数学. 1 年级 / 杨红樱主编. — 长春：吉林美术出版社，
2014.2（2024.3 重印）
ISBN 978-7-5386-7260-2

Ⅰ. ①马… Ⅱ. ①杨… Ⅲ. ①数学 - 儿童读物 Ⅳ. ①O1-49

中国版本图书馆 CIP 数据核字（2013）第 082201 号

Ma Xiaotiao Wan Shuxue　1 Nianji
马小跳玩数学　1 年级

Zhubian 主编　　杨红樱 Yang Hongying

出版 / 吉林美术出版社　长春市净月开发区福祉大路 5788 号（邮编：130118）

Http://www.jlmspress.com

Zerenbianji 责任编辑　　王丹平 Wang Danping
Zerenjiaodui 责任校对　　王文辉 Wang Wenhui
Bianzhe 编者　　张凤伟 李楠楠 邱守臣 齐艳波 杨杰
Shejizhizuo 设计制作　　至强工作室 Zhiqiang Gongzuoshi
印刷 / 长春新华印刷集团有限公司　开本 787mm×1092mm　1/16　印张 12
2024 年 3 月第 1 版第 48 次印刷　印数 310 001—315 000 册

书号 ISBN 978-7-5386-7260-2

定价 19.80 元